▶ この章で学ぶこと

具体的な操作方法を解説する章の冒頭の見開きでは、その章で学習する内容をダイジェストで説明しています。このページを見て、これからやることのイメージを掴んでから、実際の操作にとりかかりましょう。

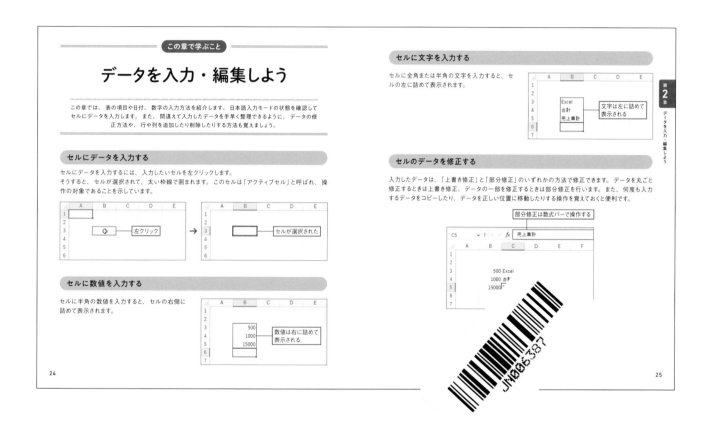

動作環境について

- 本書は、Excel 2021 / Microsoft 365を対象に、操作方法を解説しています。

- 本文に掲載している画像は、Windows 11とExcel 2021 / Microsoft 365の組み合わせで作成しています。Excel 2021では、操作や画面に多少の違いがある場合があります。詳しくは、本文中の補足解説を参照してください。

- Windows 11以外のWindowsを使って、Excel 2021 / Microsoft 365を動作させている場合は、画面の色やデザインなどに多少の違いがある場合があります。

練習ファイルの使い方

● 練習ファイルについて

本書の解説に使用しているサンプルファイルは、以下のURLからダウンロードできます。

https://gihyo.jp/book/2023/978-4-297-13603-1/support

練習ファイルと完成ファイルは、レッスンごとに分けて用意されています。たとえば、「2-3　データを修正しよう」の練習ファイルは、「02-03a」という名前のファイルです。また、完成ファイルは、「02-03b」という名前のファイルです。

● 練習ファイルをダウンロードして展開する

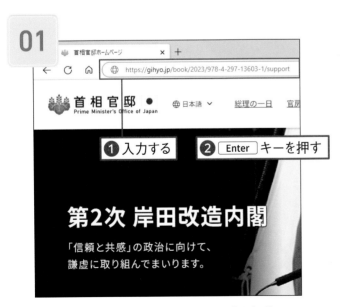

ブラウザー（ここではMicrosoft Edge）を起動して、上記のURLを入力し❶、Enter キーを押します❷。

表示されたページにある［ダウンロード］欄の［サンプルファイル］を左クリックします❶。

ファイルがダウンロードされます。[開く]を左クリックします❶。

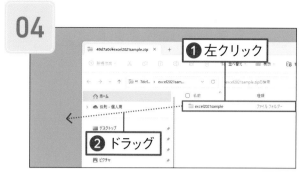

エクスプローラーの画面が開くので、表示されたフォルダーを左クリックして❶、デスクトップの何もないところにドラッグします❷。

展開されたフォルダーがデスクトップに表示されます。× を左クリックして❶、エクスプローラーを閉じます。

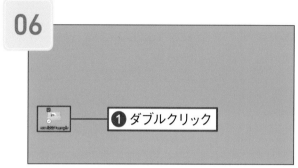

デスクトップ上のフォルダーをダブルクリックします❶。エクスプローラーの画面が開いて、フォルダーの内部が表示されます。

レッスンごとに、練習ファイル（末尾が「a」のファイル）と完成ファイル（末尾が「b」のファイル）が表示されます。ダブルクリックすると❶、エクセルで開くことができます。

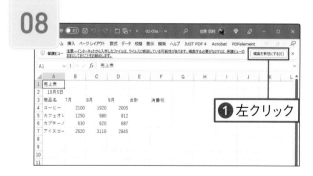

練習ファイルを開いたとき、図のようなメッセージが表示された場合は、[編集を有効にする]を左クリックすると❶、メッセージが閉じて、本書の操作を行うことができます。

Contents

Chapter **1** 基本操作を身に付けよう

Chapter **2** データを入力・編集しよう

Chapter **3** データを見やすく整えよう

Chapter **4** 表の見た目を変えよう

Chapter 8 表やグラフを印刷しよう

Chapter 9 データを並び替え・検索しよう

基本操作を身に付けよう

この章では、表計算ソフトのエクセルを使うための準備
方法や、作成したブックを保存したり、開いたりする方
法を解説します。また、エクセルの画面の名称や役割を
確認します。エクセルを使う上で欠かせない用語や基本
操作なので、しっかり覚えましょう。

エクセルを起動・終了しよう

エクセルを使えるように準備することを「起動」といいます。
起動後にエクセルを使い終わったときは、正しい手順でエクセルを終了します。

01　スタートメニューを開く

エクセルを起動するときは、（スタートボタン）▦ を左クリックします❶。

02　アプリの一覧を表示する

メニューが表示されたら、すべてのアプリ ＞ を左クリックします❶。

12

03 エクセルを起動する

アプリの一覧から、[X Excel] を左クリックします❶。

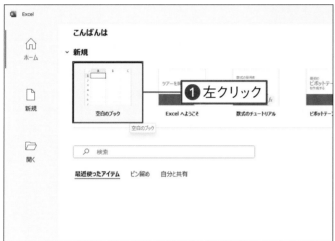

04 エクセルが起動した

エクセルが起動し、スタート画面が表示されます。[空白のブック] を左クリックします❶。

Memo

エクセルで作成したファイルを「ブック」と言います。「ブック」も「ファイル」も同じ意味で使います。

05 エクセルを終了する

表計算を行うための「ブック」と呼ばれる画面が表示されます。これで、エクセルを使う準備ができました。エクセルを終了するときは、画面右上の ☒（[閉じる] ボタン）を左クリックします❶。

練習ファイル　なし　完成ファイル　なし

エクセルの画面の見方を知ろう

エクセルの起動後に表示される画面は、 目的ごとにいくつかの部分に分かれています。
ここでは、 エクセルの画面の各部の名称と役割を確認しましょう。

エクセルの画面構成

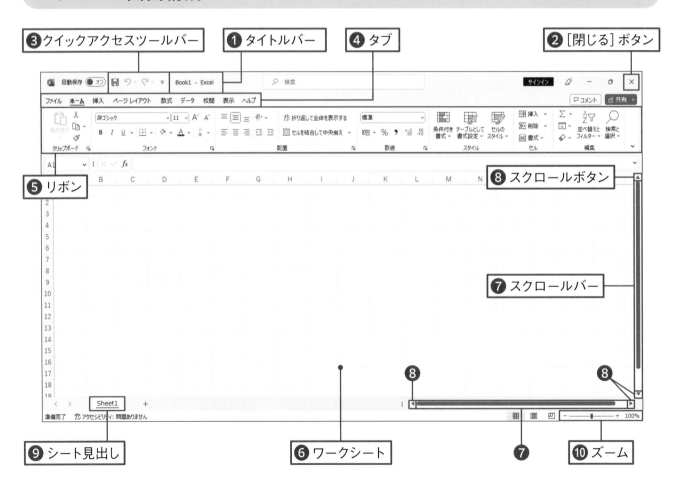

❶ タイトルバー

ブックの名前が表示されるところです。 最初は「Book1」という仮の名前が表示されます。

Book1 - Excel

❷ ［閉じる］ボタン

エクセルを終了するときに使います。

×

❸ クイックアクセスツールバー

よく使う機能を登録しておく場所です。 最初は、［上書き保存］［元に戻す］［やり直し］の３つが表示されます。 クイックアクセスツールバーが表示されていない場合は、 リボンの空いているところを右クリックし、［クイックアクセスツールバーを表示する］を左クリックします。

❹ タブ/❺ リボン

エクセルで実行できる機能が「タブ」ごとに分類されています。

❻ ワークシート

データの入力や計算を行うための作業領域です。16,384列×1,048,576行という十分な大きさが用意されています。

❼ スクロールバー

縦方向のスクロールバーをドラッグすると上下に、横方向のスクロールバーをドラッグすると左右に、それぞれワークシートを動かすことができます。

❽ スクロールボタン

左クリックするたびに、 １行または１列ずつ動かすことができます。

❾ シート見出し

シートの名前が表示されます。 ワークシートを後から追加できます。

❿ ズーム

画面の表示倍率を拡大/縮小できます。

ワークシートの構成を知ろう

エクセルでは、「ワークシート」と呼ばれる集計用紙を使って、表やグラフを作成します。
ここでは、ワークシートを構成している各部分の名称と役割を理解しましょう。

ワークシートの画面構成

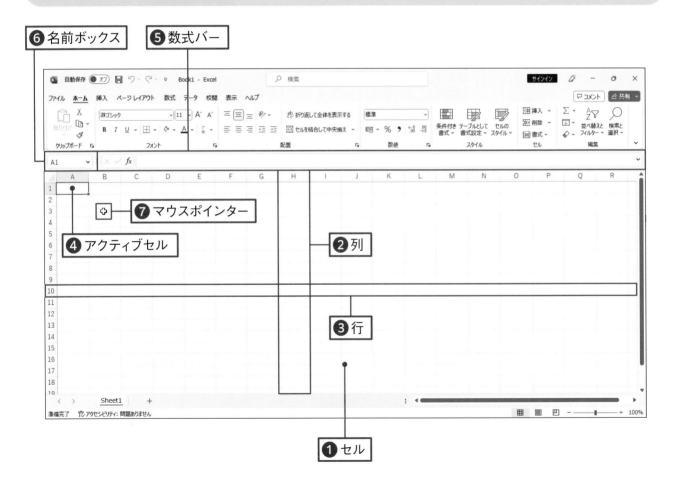

① セル

縦線（列）と横線（行）で区切られたます目のことです。 セルの中に数字や文字や数式などのデータを入力します。

② 列

セルの縦方向の並びが「列」です。 列番号はアルファベットで表示され、 A列からXFD列まで16,384列あります。

③ 行

セルの横方向の並びが「行」です。 行番号は数字で表示され、 1行から1,048,576行まであります。

④ アクティブセル

太い枠線で囲まれたセルのことです。 データの入力や機能の実行は、 常にアクティブセルに対して行われます。

⑤ 数式バー

アクティブセルの内容が表示されます。 数式の内容の確認や修正をするときに使います。

⑥ 名前ボックス

アクティブセルの場所が、 セル番地で表示されます。 セル番地は、 アルファベットの列番号と数字の行番号を組み合わせて表示します。 たとえば、 A列の1行目のアクティブセルは「A1」と表示されます。

⑦ マウスポインター

マウスの位置を表します。 場所によって、 マウスポインターの形が十字や矢印などに変化します。

Check!

ブックとワークシートの関係は?

エクセルでは、 1つまたは複数のワークシートが集まったものを「ブック」といいます。 パソコン上では、 このブックが「ファイル」として扱われます。 ブックは書類をはさむためのバインダー、ワークシートはバインダーにはさむ1枚1枚の書類だと考えるとわかりやすいでしょう。

ブックを保存しよう

パソコン上のエクセルのファイルを「ブック」と呼びます。
ワークシートに作成した内容を後から利用するためには、ブックに名前を付けて保存します。

01 ファイルタブに切り替える

[ファイル] タブを左クリックします①。

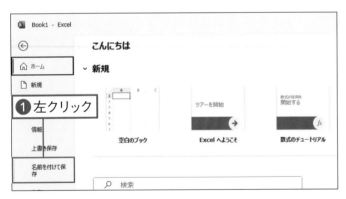

02 保存の画面を開く

名前を付けて保存 を左クリックします①。

03 保存場所を変更する

[名前を付けて保存] 画面が表示されます。
最初に保存先を指定します。 参照 を左
クリックします①。

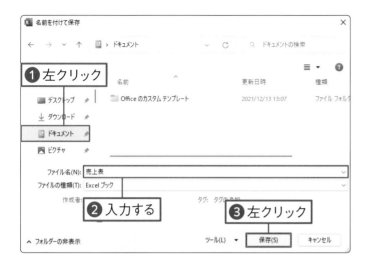

04 名前を付けて保存する

左側の 📄ドキュメント を左クリックします❶。 ファイル名(N): の横の枠内を左クリックし、ブックの名前を入力します❷。 保存(S) を左クリックします❸。

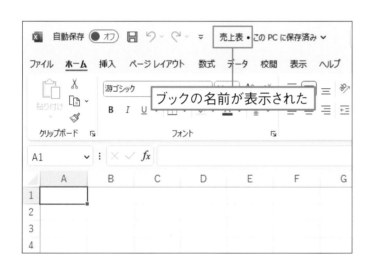

05 ブックが保存された

ブックが保存され、タイトルバーに保存したブックの名前が表示されます。13ページの操作で、エクセルを終了します。

Check!

保存したブックを修正したら?

いったん保存したブックを修正した場合は、クイックアクセスツールバーの 💾 ([上書き保存]ボタン)を左クリックして❶、変更内容を上書き保存します。

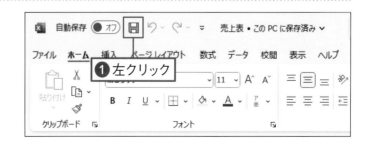

保存したブックを開こう

保存したブックをエクセルの画面に呼び出すことを「開く」といいます。
ブックを開くときは、保存場所とファイル名を指定します。

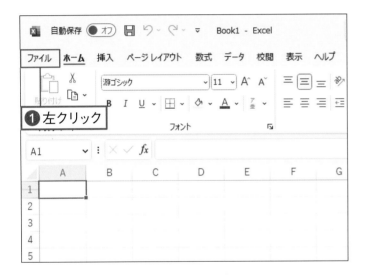

01 ファイルタブに切り替える

12ページの操作で、エクセルを起動します。
［ファイル］タブを左クリックします❶。

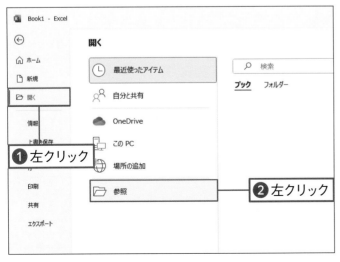

02 ［ファイルを開く］画面を開く

［ 開く ］を左クリックします❶。続いて、
［ 参照 ］を左クリックします❷。

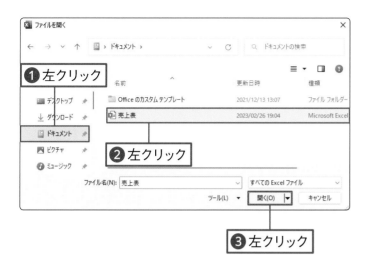

03 場所と名前を指定する

[ファイルを開く] 画面が表示されます。 左側の [ドキュメント] を左クリックします❶。 開きたいブックの名前を左クリックします❷。 [開く(O)] を左クリックします❸。

04 ブックが開いた

指定したブックが開かれます。 タイトルバーには、 開いたブックの名前が表示されます。

Check!

[最近使ったアイテム] から開く

手順 02 の画面の [最近使ったアイテム] をクリックすると、 最近開いたブックが表示されます。 開きたいブックが表示されている場合は、 ブックの名前を左クリックして開くこともできます❶。

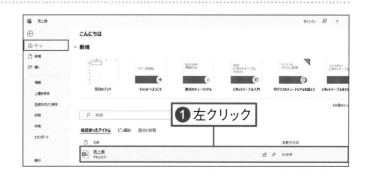

第1章 練習問題

1 ブックに名前を付けて保存する

エクセルを起動して、新しいブックに「顧客名簿」の名前を付けて[ドキュメント]フォルダーに保存してみましょう。保存ができたら、エクセルを終了します。

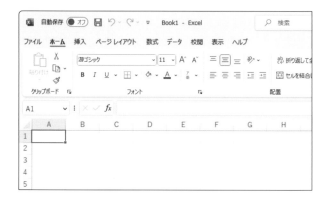

2 保存したブックを開く

エクセルを起動して、練習問題1で保存した「顧客名簿」のブックを開いてみましょう。ブックが開けたら、エクセルを終了します。

データを
入力・編集しよう

エクセルで表を作成したり、計算したりするには、セル
に文字や数値などのデータを入力します。この章では、
セルにデータを入力したり、入力したデータを後から修
正する操作を解説します。また、データのコピーや移動、
行や列の挿入と削除の操作も学びましょう。

データを入力・編集しよう

この章では、 表の項目や日付、 数字の入力方法を紹介します。 日本語入力モードの状態を確認して セルにデータを入力します。 また、 間違えて入力したデータを手早く整理できるように、 データの修 正方法や、 行や列を追加したり削除したりする方法も覚えましょう。

セルを選択する

セルにデータを入力するには、 入力したいセルを左クリックします。
そうすると、 セルが選択されて、 太い枠線で囲まれます。 このセルは「アクティブセル」と呼ばれ、 操 作の対象であることを示しています。

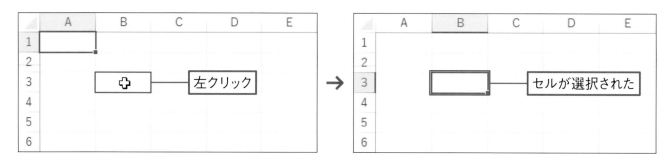

セルに数値を入力する

セルに半角の数値を入力すると、 セルの右側に 詰めて表示されます。

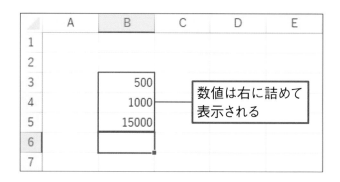

セルに文字を入力する

セルに全角または半角の文字を入力すると、セ
ルの左に詰めて表示されます。

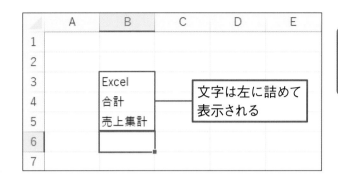

セルのデータを修正する

入力したデータは、「上書き修正」と「部分修正」のいずれかの方法で修正できます。データを丸ごと
修正するときは上書き修正、データの一部を修正するときは部分修正を行います。また、何度も入力
するデータをコピーしたり、データを正しい位置に移動したりする操作を覚えておくと便利です。

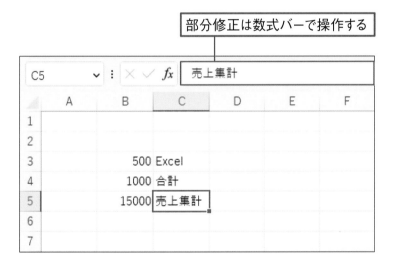

セルを選択しよう

ワークシートのセルにデータを入力したり、 飾りを付けたりするときには、
まず最初に、 操作の対象となるセルを選択するところから始めます。

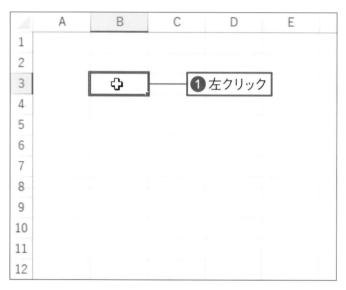

01 セルを選択する

12ページの操作で、 ブックの画面を表示します。 選択するセルにマウスポインターを移動し、 左クリックします❶。 選択されたセルは、 まわりに太い枠線が付いて、「アクティブセル」と呼ばれる状態になります。

Memo
「アクティブセル」については17ページを参考にしてください。

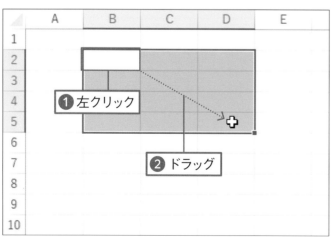

02 セルを複数選択する

セルを複数選択するには、 選択したいセル範囲の中の、 左上のセルを左クリックします❶。 続いて、 選択したいセル範囲の右下までドラッグします❷。 選択した範囲は色が変わります。

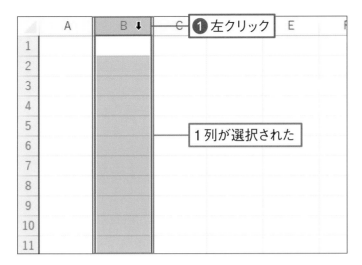

03 列をまるごと選択する

列をまるごと選択するときは、選択したい列の列番号（ここでは「B」）を左クリックします❶。選択された列は色が変わります。

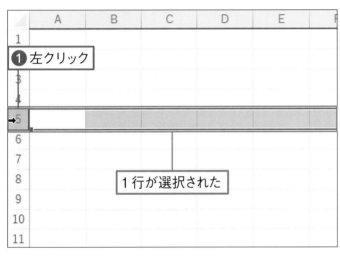

04 行をまるごと選択する

行をまるごと選択するときは、選択したい行の行番号（ここでは「5」）を左クリックします❶。選択された行は色が変わります。

Check!

複数の列や行を選択する

複数の列や行に対して同じ操作をしたいときは、最初に列や行をまとめて選択しておくと便利です。複数の列を選択するには、選択したい左端の列番号を左クリックし❶、そのまま選択したい右端の列番号までドラッグします❷。また、複数の行を選択するには、選択したい上端から下端までの行番号をドラッグします。

練習ファイル なし 完成ファイル 02-02b

データを入力しよう

文字や数字や日付などの情報のことを「データ」と呼びます。
エクセルのデータはアクティブセルに入力されます。

文字を入力する

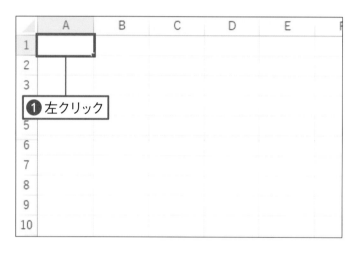

01 セルを選択する

20ページの操作で、「売上表」ブックを開きます。文字を入力したいセル（ここではA1セル）を左クリックし❶、アクティブセルにします。

02 読みを入力する

キーボードの 半角/全角 キーを押して❶、日本語入力モードに切り替えます。続いて、キーボードから読みを入力します❷。

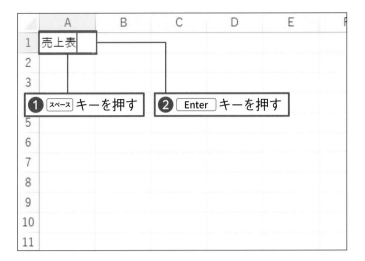

03 漢字に変換する

入力した文字に下線の付いている状態で、キーボードの スペース キーを押して変換します❶。変換できたら、 Enter キーを押します❷。すると文字が確定され、下線が消えます。

> **Memo**
> 目的の漢字に変換されなかったときは、続いて、 スペース キーを押すと変換候補が表示されます。

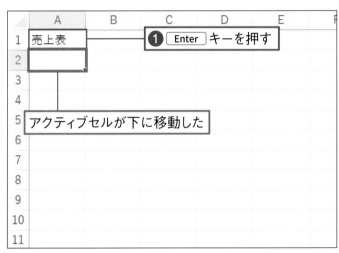

04 文字を入力できた

文字が確定できたら、もう一度 Enter キーを押します❶。アクティブセルが1つ下のセルに移動します。これでセルに文字を入力できました。

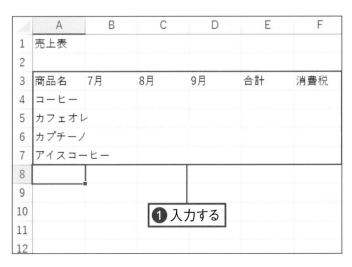

05 表の項目を入力する

手順 01 〜 04 と同様の操作で、左の画面のように、表の各項目を入力していきます❶。

> **Memo**
> 目的とは違うセルにデータを入力したときは、 Delete キーを押して削除します。

日付を入力する

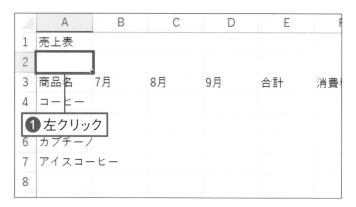

01 セルを選択する

日付を入力したいセル（ここではA2セル）を
左クリックします❶。

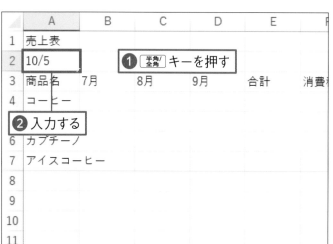

02 日付を入力する

キーボードの 半角/全角 キーを押して❶、半角英
数モードに切り替えます。日付の数字を「/」
（スラッシュ）記号で区切って入力します❷。

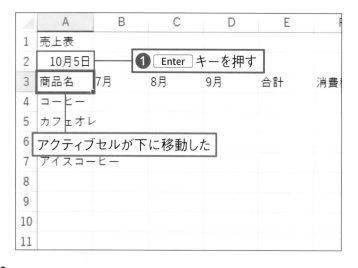

03 日付を入力できた

日付が入力できたら、 Enter キーを押しま
す❶。アクティブセルが1つ下のセルに移
動します。これで、日付を入力できました。

Memo
「10/5」と入力すると、「10月5日」と表示されます。
また、数式バーには「2023/10/5」と表示されます。
西暦が異なる場合は「2020/10/5」のように西暦か
ら入力します。

数値を入力する

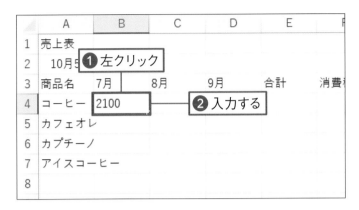

01 セルを選択する

数値を入力したいセル（ここではB4セル）を左クリックします❶。続いて、数値を入力します❷。

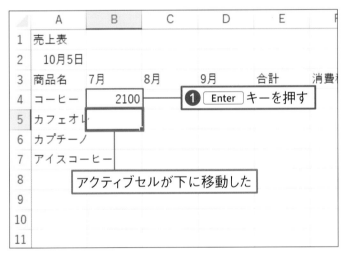

02 数値を入力する

数値が入力できたら、[Enter]キーを押します❶。アクティブセルが1つ下のセルに移動します。これで、数値を入力できました。

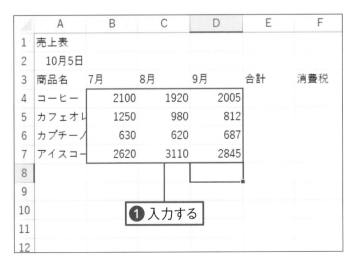

03 表の数値を入力する

同様の操作で、左の画面のように数値を入力していきます❶。

Memo

セルに数値を入力すると、A5セルからA7セルの文字が途中までしか表示されなくなりますが、これはあとから列幅を広げて調整します（62ページ参照）。

データを修正しよう

セルに入力したデータを修正する方法には、
まるごと修正する方法と部分的に修正する方法の2種類があります。

セルのデータをまるごと修正する

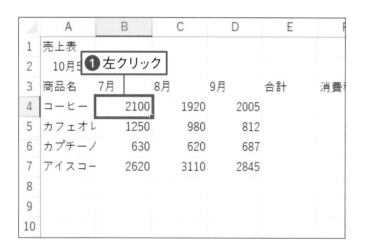

01 セルを選択する

セルのデータをまるごと修正するには、データを修正したいセル（ここではB4セル）を左クリックします❶。

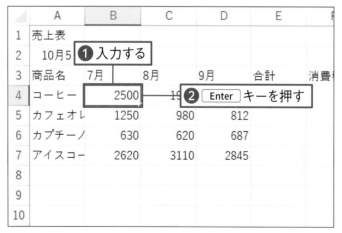

02 データを修正する

修正したいデータを入力します❶。 入力した数値に下線が付いていないときは、 Enter キーを1回押して数値を入力します❷。

> **Memo**
> 数値に下線が付いているときは、 Enter キーを2回押して数値を入力します。

セルのデータを部分的に修正する

	A	B	C	D	E	F
1	売上表	**①左クリック**				
2	10月5日					
3	商品名	7月	8月	9月	合計	消費和
4	コーヒー	2500	1920	2005		
5	カフェオレ	1250	980	812		
6	カプチーノ	630	620	687		
7	アイスコー	2620	3110	2845		
8						

01 セルを選択する

セルのデータを部分的に修正するには、数式バーを使います。最初に、データを修正したいセル（ここではA1セル）を左クリックします❶。数式バーにアクティブセルの内容が表示されます。

A1　**①左クリック**　fx　売上表

	A	B	C	D	E	F
1	売上表					
2	10月5日		**②入力する**			
3	商品名	7月	8月	**③ [Enter] キーを押す**		消費和
4	コーヒー	2500	1920	2005		
5	カフェオレ	1250	980	812		
6	カプチーノ	630	620	687		
7	アイスコー	2620	3110	2845		
8						
9						

02 数式バーでデータを修正する

数式バーの修正したい箇所を左クリックします❶。数式バーの中にカーソルが表示されるので、該当部分にカーソルを移動して修正し❷、[Enter]キーを押します❸。

Memo
数式バー内のカーソルの位置は、左右の矢印キーで移動できます。

	A	B	C	D	E	F
1	売上集計表	**データが修正された**				
2	10月5日					
3	商品名	7月	8月	9月	合計	消費和
4	コーヒー	2500	1920	2005		
5	カフェオレ	1250	980	812		
6	カプチーノ	630	620	687		
7	アイスコー	2620	3110	2845		
8						
9						
10						
11						

03 データが修正された

数式バーでデータを修正すると、セル内のデータも修正されます。

Memo
ここでは「売上表」を「売上集計表」に修正しました。

データをコピーしよう

入力済みのデータは、［ホーム］タブの 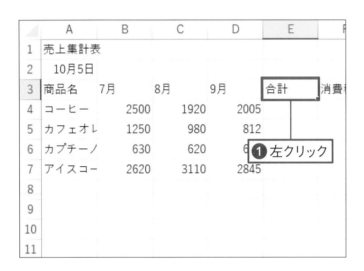（［コピー］ボタン）と 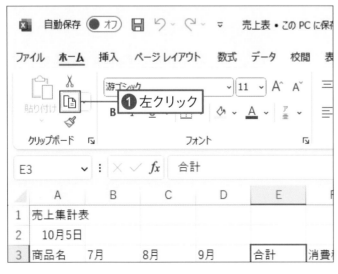（［貼り付け］ボタン）を使って他のセルにコピーすることができます。

01 コピー元のセルを選択する

コピーしたいデータが入力されているセル（ここではE3セル）を左クリックします❶。

02 データをコピーする

［ホーム］タブの（［コピー］ボタン）を左クリックします❶。

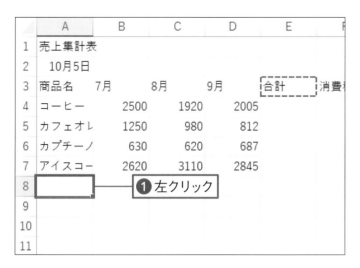

03 コピー先のセルを選択する

コピー元のセルの周りが点線の枠で囲まれます。コピー先のセル（ここではA8セル）を左クリックします❶。

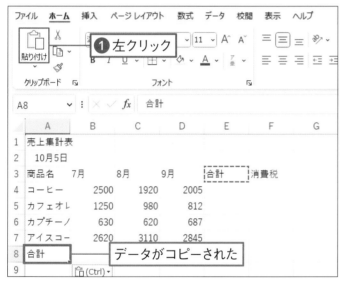

04 データを貼り付ける

[ホーム]タブの（[貼り付け]ボタン）を左クリックします❶。コピーしておいたデータがコピー先のセルに貼り付けられます。

Memo
Enter キーを押すと、E3セルの点線の枠が消えます。

Check!

[貼り付け]ボタンは上下に分かれている

（[貼り付け]ボタン）は、上側のと下側のに分かれています。下側のを左クリックすると、貼り付け方法を選ぶメニューが表示されます❶。手順 04 では上側のを左クリックしました。

データを移動しよう

セルに入力したデータを他のセルに移動するには、[ホーム]タブの ✂ ([切り取り]ボタン)と 📋 ([貼り付け]ボタン)を使います。移動すると、元のセルのデータはなくなります。

01 移動元のセルを選択する

移動したいデータが入力されているセル(ここではA2セル)を左クリックします❶。

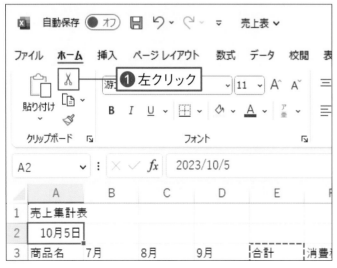

02 データを切り取る

[ホーム]タブの ✂ ([切り取り]ボタン)を左クリックします❶。

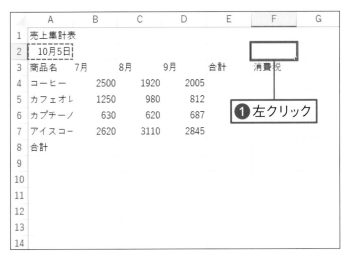

03 移動先のセルを選択する

移動元のセルの周りが点線の枠で囲まれます。移動先のセル（ここではF2セル）を左クリックします❶。

04 データを貼り付ける

[ホーム]タブの（[貼り付け]ボタン）を左クリックします❶。切り取っておいたデータが移動先のセル貼り付けられます。

Check!

セルに「#」記号が表示されたら?

「2023/10/5」のように長い日付をF2セルに移動すると、セルには「#」記号が表示されます。これは、列幅が不足していることを示しています。62ページの操作で列幅を広げると、日付が正しく表示されます。

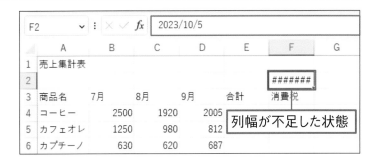

行や列を挿入しよう

表を作成している途中で行や列が不足したときは、いつでも挿入して追加できます。
列を挿入するときは列番号を、行を挿入するときは行番号を左クリックして選択します。

列を挿入する

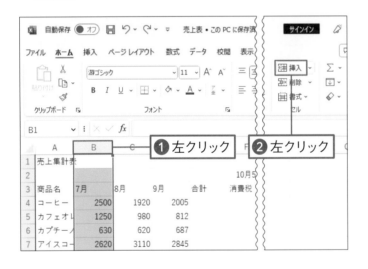

01 列を選択する

列を挿入するには、挿入したい位置の右側の列番号（ここでは「B」）を左クリックします❶。[ホーム]タブの 挿入 を左クリックします❷。

> **Memo**
> ここでは、A列とB列の間に列を挿入するため、列番号の「B」を左クリックしています。 挿入 は、お使いのパソコンの環境によって、異なる形状で表示される場合があるので注意してください。

02 列が挿入できた

選択した列の左側に新しい列が挿入され、B列に入力されていたデータが右側（C列）に移動しました。

行を挿入する

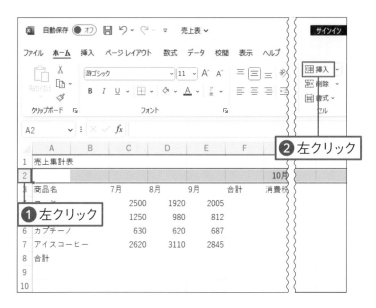

01 行を選択する

行を挿入するには、挿入したい位置の下側の行番号（ここでは「2」）を左クリックします❶。［ホーム］タブの 挿入 を左クリックします❷。

> **Memo**
>
> ここでは、1行目と2行目の間に行を挿入するため、行番号の「2」を左クリックしています。

02 行が挿入できた

選択した行の上側に新しい行が挿入され、2行目に入力されていたデータが下側（3行目）に移動しました。挿入した2行目に左の画面と同じデータを入力します❶。

Check!

複数の列や行を一度に挿入するには？

手順 01 で、複数の列や行をまとめて選択しておくと、選択した列数分や行数分の列や行をまとめて挿入できます。複数の列や行を選択するときには、27ページのCheck!の操作で、列番号や行番号をドラッグして選択します。

行や列を削除しよう

作成中の表に不要な行や列があれば、 行単位や列単位で削除できます。
列全体を削除するときは列番号を、 行全体を削除するときは行番号を左クリックします。

列を削除する

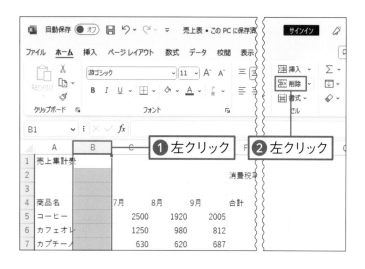

01 削除したい列を選択する

列を削除するときは、削除したい列の列番号
（ここでは「B」）を左クリックします❶。 ［ホー
ム］タブの 🗒削除 を左クリックします❷。

> **Memo**
> ここでは、38 ページで挿入した B 列を削除します。
> お使いのパソコンの環境によって、 🗒削除 の形状が
> 異なる場合があるので注意してください。

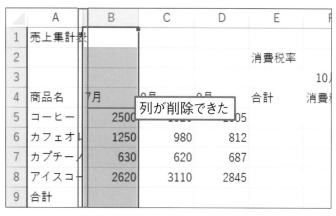

02 列が削除できた

選択した列全体が削除され、右側の列（C 列）
が左につまって表示されました。

> **Memo**
> ここでは、B 列を削除したので、 もとの C 列以降が
> 1 列分左に移動しました。

行を削除する

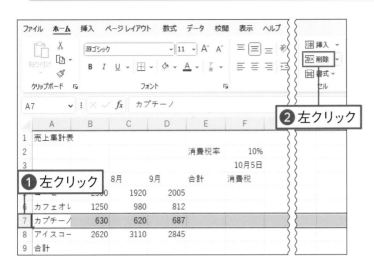

① 左クリック
② 左クリック

01 削除したい行を選択する

行を削除するときは、削除したい行の列番号（ここでは「7」）を左クリックします①。[ホーム] タブの 削除 を左クリックします②。

行が削除された

02 行が削除できた

選択した行全体が削除され、下側の行（8行目）が上につまって表示されました。

Memo
ここでは、7行目を削除したので、8行目以降が1行分上に移動しました。

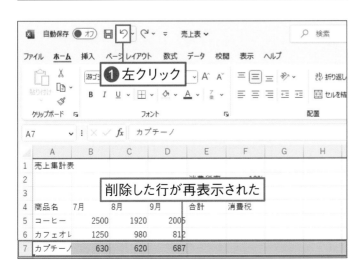

① 左クリック
削除した行が再表示された

03 削除した行を元に戻す

クイックアクセスツールバーの ↺（[元に戻す] ボタン）を左クリックすると①、削除した行が再表示されます。19ページのCheck!の操作で、ブックを上書き保存します。

Memo
↺（[元に戻す] ボタン）を左クリックすると、直前の操作を取り消して元の状態に戻すことができます。

第2章 練習問題

1 データを入力する

エクセルを起動して、新しいブックに右の画面と同じデータを入力しましょう。

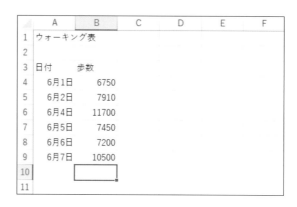

2 行を挿入してデータを追加する

練習問題1の6行目に新しい行を挿入し、右の画面と同じ「6月3日」のデータを追加しましょう。

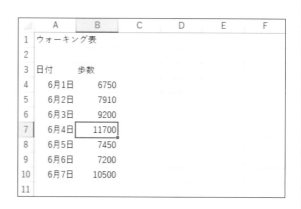

データを見やすく
整えよう

この章では、セルに入力したデータをわかりやすく見せる操作を解説します。文字の形やサイズ、色、配置を変更して見た目を整えたり、数値に3桁区切りのカンマ記号 (,) を付けて読みやすくします。また、日付のデータを和暦や西暦で表示する操作も解説します。

データを見やすく整えよう

この章では、セルに「書式」を設定して、データを見やすく整える方法を紹介します。
データの見せ方を指定する書式について知りましょう。また、効率よく書式を設定できるように、
書式だけを他のセルにコピーする便利な技も覚えましょう。

「書式」とは

セルのしくみを理解するには、「セルは平面的ではなくて、立体的な箱のようなものである」と考えると
わかりやすいでしょう。下図のように、セルに「1000」という数字を入力し、「¥マークと3桁ごとの
カンマ（，）を付けなさい」という書式を設定します。すると、「1000」に書式が加わって、「¥1,000」
と表示されます。セルに入力した数字や文字などのデータを「値」と呼び、¥マークやカンマのように、
数字の見せ方を設定する要素のことを「書式」と呼びます。また、赤字や斜体などの飾りのことも「書式」
と呼びます。

● 数字の書式

| 1000 | ＋ | ¥マークと，（カンマ） | ＝ | ¥1,000 |

● 文字の書式

| エクセル | ＋ | 赤字と*斜体* | ＝ | *エクセル* |

書式は数式バーに表示されない

セルの数字や文字に書式を設定すると、セルには書式を付けた結果が表示されます。例えば、下図のB5セルには3桁区切りのカンマが付いた「2,500」が表示されます。一方、数式バーを見ると、書式が付いていない「2500」だけが表示されます。セルに入力されているのは数字や文字の「値」だけであって、3桁ごとのカンマや文字の色などの「書式」は値の見た目を変更しているにすぎないのです。

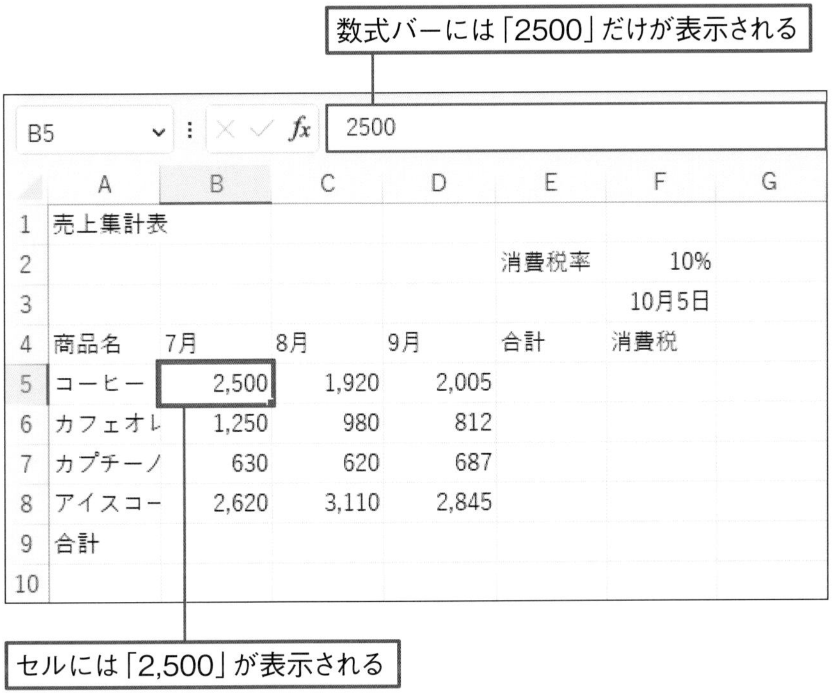

数式バーには「2500」だけが表示される

B5			f_x	2500			
	A	B	C	D	E	F	G
1	売上集計表						
2					消費税率	10%	
3						10月5日	
4	商品名	7月	8月	9月	合計	消費税	
5	コーヒー	2,500	1,920	2,005			
6	カフェオレ	1,250	980	812			
7	カプチーノ	630	620	687			
8	アイスコー	2,620	3,110	2,845			
9	合計						
10							

セルには「2,500」が表示される

文字の形と大きさを変えよう

表の中の文字は、文字の形（フォント）や文字の大きさ（フォントサイズ）を変更することができます。
フォントやフォントサイズを変えることによって、文字を目立たせることができます。

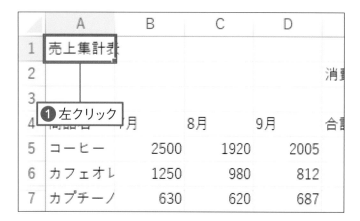

01　セルを選択する

20ページの操作で、「売上表」ブックを開いておきます。フォントやフォントサイズを変更したいセル（ここではA1セル）を左クリックします❶。

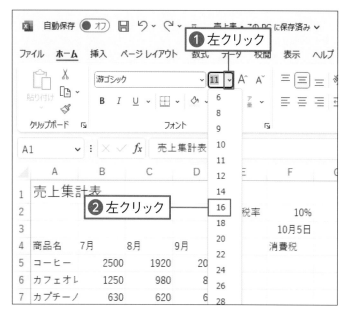

02　文字のサイズを変更する

[ホーム] タブの 11 ▽（[フォントサイズ] ボタン）右側の ▽ を左クリックします❶。表示されるメニューから、設定したいフォントサイズを左クリックします❷。ここでは「16」に変更しています。

Memo
数字にマウスポインターを移動すると、一時的にセルの文字の大きさが変わります。

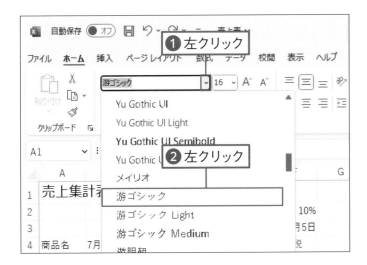

03 文字の形を指定する

続いて、[ホーム]タブの 游ゴシック （[フォント]ボタン）右側の ⌄ を左クリックします **①**。表示されるメニューから、設定したい文字の形を左クリックします **②**。ここでは「メイリオ」に変更しています。

04 文字のサイズと形が変わった

A1セルの文字のサイズと形が変わりました。

Check!

エクセル2021の基本フォントは「11Pt」の「游ゴシック」

エクセル2021でセルに文字や数字を入力すると、最初は「游ゴシック」というフォントで、「11pt」のフォントサイズで表示されます。1ptは約0.35mmです。

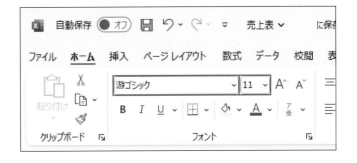

練習ファイル 03-02a　完成ファイル 03-02b

色付き文字や太字にしよう

セルに入力した文字に色を付けたり太字にしたりすると、 文字を目立たせることができます。 タイトルなど、 ほかと区別して見せたい部分に設定すると効果的です。

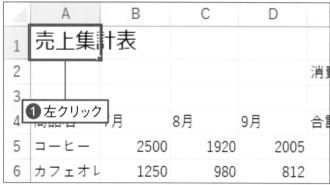

01 セルを選択する

飾りを付けたいセル （ここでは A1 セル） を左クリックします❶。

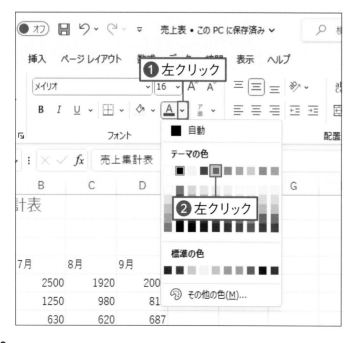

02 文字の色を変更する

［ホーム］ タブの （［フォントの色］ ボタン） 右側の を左リックします❶。 表示される色のパレットから、 設定したい色を左クリックします❷。 ここでは 「青、 アクセント1」 に設定しています。

> Memo
> 色にマウスポインターを移動すると、 一時的にセルの文字の色が変わります。

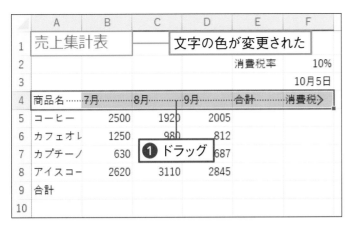

03 セルを選択する

飾りを付けたいセル（ここではA4セルから
F4セル）をドラッグして選択します❶。

04 文字を太字にする

［ホーム］タブの B （［太字］ボタン）を左ク
リックします❶。これで、文字が太字にな
ります。

操作後、文字が太字になる

Check!

飾りの設定を解除するには?

［ホーム］タブには B （［太字］ボタン）のほかにも、
I （［斜体］ボタン）や U （［下線］ボタン）などの飾りを付け
るためのボタンがいくつか用意されています。これらのボタ
ンは、一度左リックすると飾りが付き、もう一度左クリック
すると飾りが解除されます。左クリックするたびに飾りのオ
ンとオフが切り替わるしくみになっています。

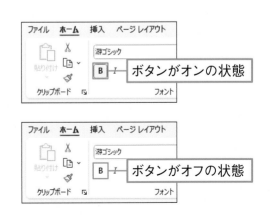

文字をセルの中央に揃えよう

セルに入力した文字は、最初はセルの左に揃って表示されます。
ここでは、複数のセルの文字をまとめて中央に配置します。

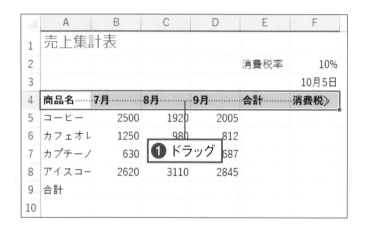

01 セルを選択する

飾りを付けたいセル（ここではA4セルからF4セル）をドラッグして選択します❶。

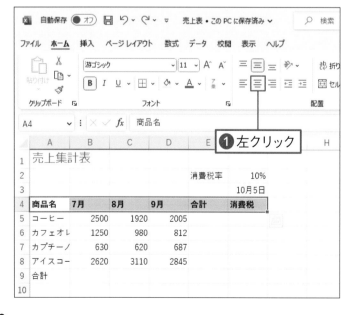

02 文字をセルの中央に揃える

セルが選択できたら、［ホーム］タブの▤（［中央揃え］ボタン）を左クリックします❶。

> **Memo**
> セルの右に揃えるときは▤（［右揃え］ボタン）、左に揃えるときは▤（［左揃え］ボタン）を左クリックします。

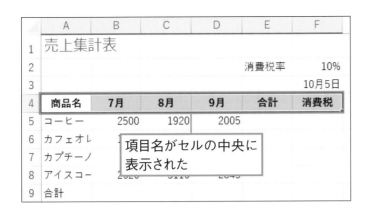

項目名がセルの中央に
表示された

03 文字がセルの中央に表示された

A4セルからF4セルまでの表の項目名がセルの中央に表示されました。

04 中央揃えを解除する

中央揃えを解除するときは、[ホーム]タブの ≡([中央揃え]ボタン)を左クリックします❶。

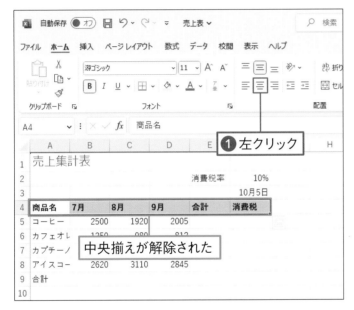

❶左クリック

中央揃えが解除された

> **Memo**
> ここでは、もう一度 ≡([中央揃え]ボタン)を左クリックして、文字をセルの中央に揃えておきましょう。

Check!

数値は右揃えが基本

セルに入力した数値は、文字とは異なり、自動的にセルの右に揃って表示されます。数値を後から中央揃えや左揃えに変更することもできますが、数値の桁がずれてしまうので、かえって読みにくくなります。数値は右揃えのままで使いましょう。

数値が中央揃えの状態

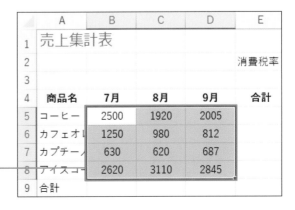

練習ファイル 03-04a　完成ファイル 03-04b

3桁区切りのカンマを表示しよう

桁数の多い数値はそのままでは読みにくいので、3桁区切りのカンマ (,) を付けます。
[ホーム] タブのボタンを左クリックするだけで簡単に設定できます。

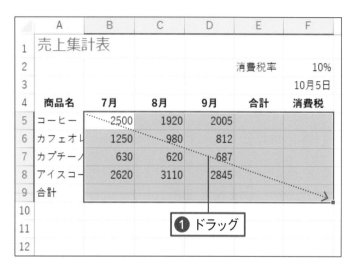

① ドラッグ

01 セルを選択する

最初に、3桁区切りのカンマをつけたいセル（ここではB5セルからF9セル）をドラッグして選択します❶。

> **Memo**
>
> E列の合計やF列の消費税、9行目の合計の空白のセルも選択しておきます。すると、第5章や第6章で計算式を入力したときに、計算結果に3桁区切りのカンマが表示されます。

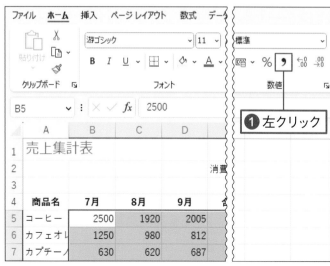

① 左クリック

02 3桁区切りのカンマを付ける

セルが選択できたら、[ホーム] タブの **9** （[桁区切りスタイル] ボタン）を左クリックします❶。

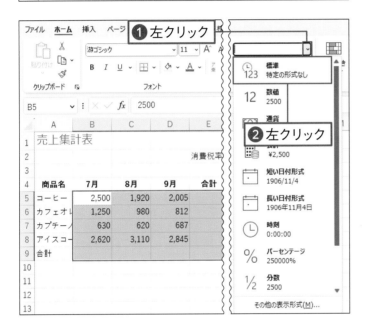

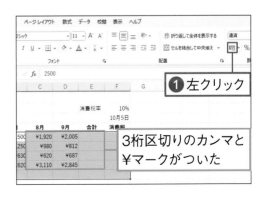

03 数値にカンマが 表示された

セルに3桁区切りのカンマが表示されました。

セルの数値にカンマが付いた

04 カンマを解除する

3桁区切りのカンマを解除するときは、[ホーム]タブの 通貨 （[表示形式]ボタン）右側の を左クリックします❶。 表示されるメニューの 123 標準 特定の形式なし （[標準]）を左クリックすると❷、3桁区切りのカンマを解除できます。

Memo

ここでは、もう一度 （[桁区切りスタイル]ボタン）を左クリックして、セルの数値にカンマを付けておきましょう。

Check!

¥マークを付けるには?

セルの数値が金額を表すときは、¥マークを付けることもできます。¥マークを付けたいセルを選択した状態で、[ホーム]タブの （[通貨表示形式]ボタン）を左クリックすると❶、3桁区切りのカンマと¥マークが同時に付きます。
¥マークを解除するときは、 （[桁区切りスタイル]ボタン）を左クリックすると、¥マークが取れて3桁区切りのカンマだけが残ります。

3桁区切りのカンマと¥マークがついた

日付の表示を変更しよう

「10/5」の日付を入力すると、 最初は「10月5日」という形式で表示されます。
入力した日付は、 後から西暦や和暦などの表示形式に変更できます。

01 セルを選択する

「10/5」のように数字を「/」で区切って入力した文字は、 エクセルが自動的に日付と認識します。 表示形式を変更したい日付の入ったセル（ここではF3セル）左クリックします❶。

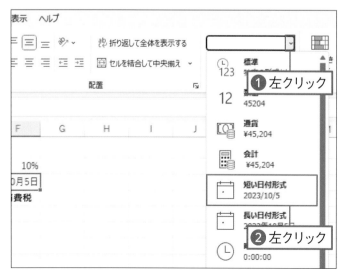

02 日付の表示形式を変更する

［ホーム］タブの ［ユーザー定義］ （［表示形式］ボタン）右側の を左クリックします❶。 表示されるメニューの ［短い日付形式］ （［短い日付形式］）を左クリックします❷。

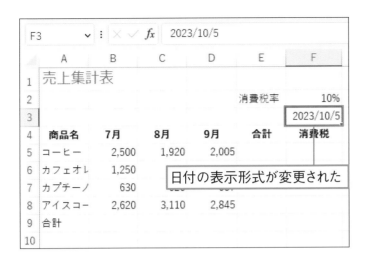

日付の表示形式が変更された

03 日付の表示形式が変わった

セルの日付が「10/5」から「2023/10/5」に変わりました。同時に、「2023/10/5」の日付が表示できる列幅に自動的に広がりました。

> **Memo**
>
> 日付が「#」記号で表示されるときは、62ページの操作で列幅を広げると、正しく表示されます。

Check!

そのほかの日付の表示形式を設定する

手順 02 の `ユーザー定義` ([表示形式] ボタン) のメニューの [その他の表示形式] を左クリックすると❶、[短い日付形式] と [長い日付形式] の2種類以外の日付の形式を選択できます。
たとえば、和暦で表示したい場合は、[セルの書式設定] 画面の左側の分類から [日付] を左クリックし❷、右側の [カレンダーの種類] の ⌄ ボタンから [和暦] を左クリックします❸。最後に、上側に表示される日付の表示形式の一覧から目的の形式を左クリックし❹、 `OK` を左クリックします❺。

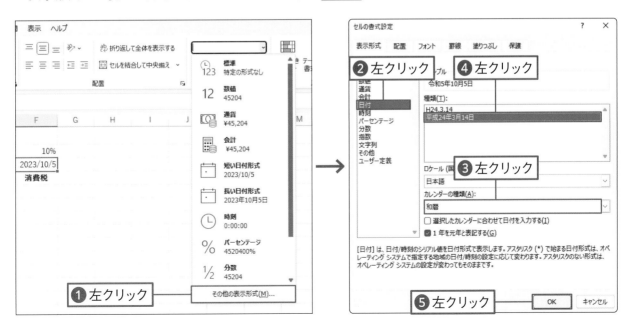

セルの書式をコピーしよう

44ページで説明したように、セルのデータは「値」と「書式」で構成されています。
ここでは、値はコピーせずに、書式だけを他のセルにコピーしてみましょう。

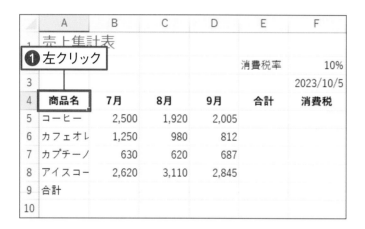

01 コピー元になるセルを選択する

書式のコピー元になるセル（ここではA4セル）を左クリックします❶。

Memo

ここでは、A4セルに設定されている書式（太字、中央揃え）をコピーします。

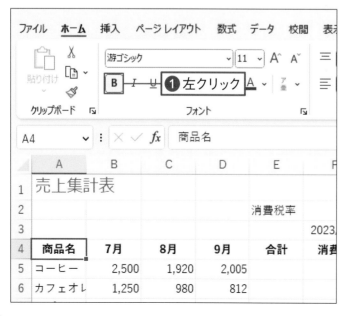

02 書式をコピーする

［ホーム］タブの ☑（［書式のコピー／貼り付け］ボタン）を左クリックします❶。これで、A4セルの書式がコピーされました。

	A	B	C	D	E	F
1	売上集計表					
2					消費税率	10%
3						2023/10/5
4	**商品名**	**7月**	**8月**	**9月**	**合計**	**消費税**
5	コーヒー	2,500	1,920	2,005		
6	カフェオレ	1,250	980	812		
7	カプチーノ	630	620	687		
8	アイスコー	2,620	3,110	2,845		
9	合計 ⊕🖌					
10						

❶ 左クリック

03 書式を貼り付ける

マウスポインターの右側に「はけ」の絵柄（⊕🖌）が表示されます。この状態で、書式を貼り付けたいセル（ここではA9セル）を左クリックします❶。

	A	B	C	D	E	F
1	売上集計表					
2					消費税率	10%
3						2023/10/5
4	**商品名**	**7月**	**8月**	**9月**	**合計**	**消費税**
5	コーヒー	2,500	1,920	2,005		
6	カフェオレ	1,250	980	812		
7	カプチーノ	630	620	687		
8	アイスコー	2,620	3,110	2,845		
9	**合計**					
10						

A4セルの2つの書式がコピーされた

04 書式がコピーされる

A4セルに設定されている書式（太字、文中央揃え）がA9セルに貼り付けられました。19ページのCheck!の操作で、ブックを上書き保存します。

Check!

書式を削除するには？

書式のコピーとは反対に、セルに設定した「書式」だけを削除することもできます。通常データを削除するときは Delete キーを使いますが、これでは、「値」が削除されるだけです。

セルに設定した「書式」だけを削除したいときは、まず、書式を削除したいセルを左クリックします。続いて、[ホーム]タブの ◇▾（[クリア]ボタン）右側の ▾ を左クリックし❶、表示されるメニューの 🍋 書式のクリア(E)（[書式のクリア]）を左クリックします❷。

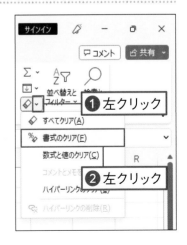

第3章 練習問題

1 文字のサイズと形を指定する

「03-Q」ファイルを開いて、A1セルに以下の
書式を付けましょう。

- フォントサイズ　：14
- フォント　　　　：HG丸ゴシックM－PRO
- 飾り　　　　　　：太字

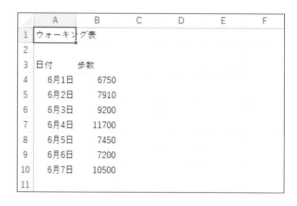

2 カンマの記号を付ける

練習問題1の、B4セル～B10セルに3桁ご
とのカンマ記号を付けましょう。

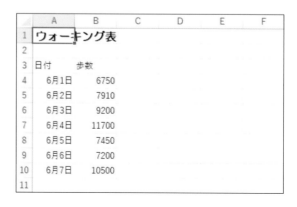

表の見た目を
変えよう

この章では、列幅を変更したりセルに罫線を引くなどして、表全体の見た目を整える操作を解説します。また、複数のセルを1つに結合したり、セルに色を付ける操作も紹介します。これらの操作を使って、表が分かりやすくなるように仕上げましょう。

表の見た目を変えよう

前の章では、 文字や数字に書式を設定して見た目を変更しましたが、 この章では、
表全体の見た目を整えます。 列幅を調整してセルの文字がすべて見えるようにしたり、
セルに罫線やセルの色を指定して、 わかりやすい表に仕上げましょう。

列幅を変更する

セルに入力した文字の長さに合わせて、 列幅を調整することができます。

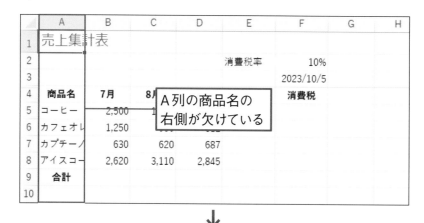

罫線とは

ワークシートに表示されている薄いグレーの線は、画面では見えていても印刷されません。線を印刷するには、表に罫線を引く必要があります。

	A	B	C	D	E	F
1			売上集計表			
2				消費税率		10%
3						2023/10/5
4	商品名	7月	8月	9月	合計	消費税
5	コーヒー	2,500	1,920	2,005		
6	カフェオレ	1,250	980	812		
7	カプチーノ	630	620	687		
8	アイスコーヒー	2,620	3,110	2,845		
9	合計					
10						

罫線を引く前（印刷されない薄い線が表示される）

	A	B	C	D	E	F
1			売上集計表			
2				消費税率		10%
3						2023/10/5
4	商品名	7月	8月	9月	合計	消費税
5	コーヒー	2,500	1,920	2,005		
6	カフェオレ	1,250	980	812		
7	カプチーノ	630	620	687		
8	アイスコーヒー	2,620	3,110	2,845		
9	合計					
10						

罫線を引いた後（印刷される濃い線が表示される）

罫線を引くには?

罫線を引くには、最初に罫線を引く範囲を決めます。次に、罫線の種類を選びます。同じセルに違う種類の罫線を引くと、後から引いた罫線に上書きされます。

❶ ドラッグして罫線を
引きたいセルを選択する

罫線
下罫線(O)
上罫線(P)
左罫線(L)
右罫線(R)
枠なし(N)
格子(A)
外枠(S)
太い外枠(T)
下二重罫線(B)
下太罫線(H)
上罫線 + 下罫線(D)
上罫線 + 下太罫線(C)
上罫線 + 下二重罫線(U)

❷ 種類を選ぶ

列幅を調整しよう

エクセルでは、 最初はすべての列幅が同じなので、 セルに入力したデータが長いときには、
途中までしか表示されません。 列幅を広げて、 すべてのデータを表示します。

ダブルクリックして調整する

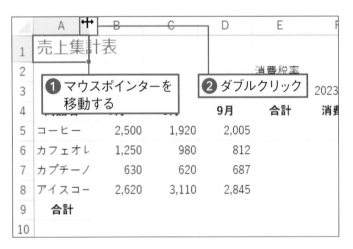

01 ダブルクリックする

20ページの操作で、 「売上表」ブックを開いておきます。 列幅を調整したい列（ここでは「A」）の右側の境界線にマウスポインターを移動します❶。 マウスポインターの形が ✛ に変わったら、 そのままダブルクリックします❷。

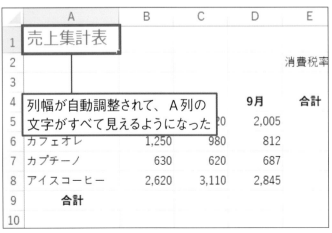

02 列幅が文字に合わせて調整された

列に入力済みの一番長いデータに合わせて、 列幅が自動的に変更されます。

Memo

ここでは、 A1セルに入力した文字が表示される列幅に広がります。

ドラッグして調整する

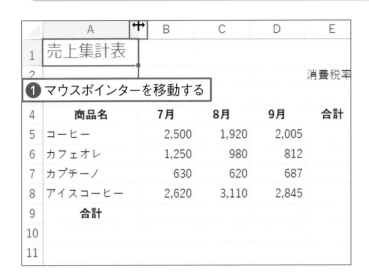

01 マウスポインターを移動する

ドラッグで列幅を変更することもできます。列幅を調整したい列の右側（ここでは「A」）の境界線にマウスポインターを移動します❶。

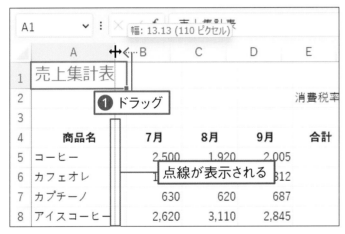

02 左方向へドラッグする

マウスポインターの形が ✛ に変わったら、そのまま左方向にドラッグします❶。ドラッグ中には、列幅を示す点線が表示されます。

03 列幅が変更できた

ドラッグした分だけ列幅が変更できました。

練習ファイル 04-02a　完成ファイル 04-02b

セルを結合して文字を中央に配置しよう

表のタイトルは、表の横幅に対して中央に表示されていると見栄えがよくなります。複数のセルをまたいで中央に表示するときは、📊 セルを結合して中央揃え（[セルを結合して中央揃え]）ボタンを使います。

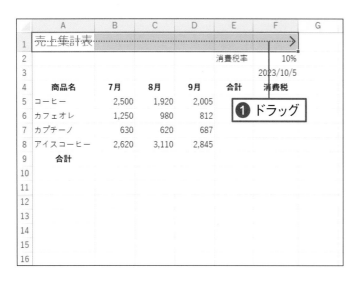

01 セルを選択する

結合したい複数のセルをドラッグして選択します❶。ここでは、A1セルからF1セルまでをドラッグしています。

Memo

ここでは、A列からF列までの表の横幅に対して、A1セルに入力したタイトルを中央に表示します。

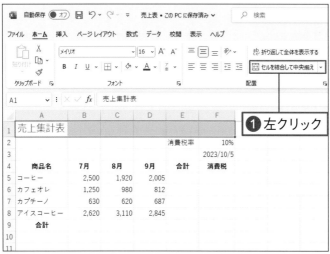

02 セルを結合して中央に揃える

[ホーム]タブの 📊 セルを結合して中央揃え （[セルを結合して中央揃え]ボタン）を左クリックします❶。

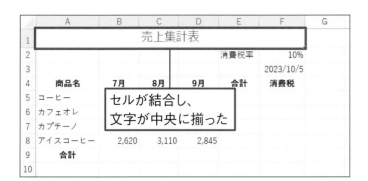

セルが結合し、
文字が中央に揃った

03 複数のセルの中央に表示された

A1セルからF1セルが1つのセルに結合され、その中央にタイトルの文字が表示されました。

❶ 左クリック

セル結合が解除された

04 セルの結合を解除する

🔲 セルを結合して中央揃え（[セルを結合して中央揃え] ボタン）を使って1つのセルに結合したセルを、もとの個別のセルに戻すには、もう一度🔲 セルを結合して中央揃え（[セルを結合して中央揃え] ボタン）を左クリックします❶。

Memo

ここでは、もう一度🔲 セルを結合して中央揃え（[セルを結合して中央揃え] ボタン）を左クリックして、セルが結合しタイトルが中央に表示された状態にしておきましょう。

Check!

文字の配置を変えずに複数のセルを結合するには?

🔲 セルを結合して中央揃え（[セルを結合して中央揃え] ボタン）を使うと、複数のセルが結合されると同時に、文字がセルの中央に表示されます。複数のセルを結合するだけで、文字の位置を変更したくないときは、結合したいセルをドラッグして選択し、[ホーム] タブの🔲 セルを結合して中央揃え（[セルを結合して中央揃え] ボタン）右側の🔽を左クリックします❶。表示されるメニューの🔲 横方向に結合(A)を左クリックします❷。

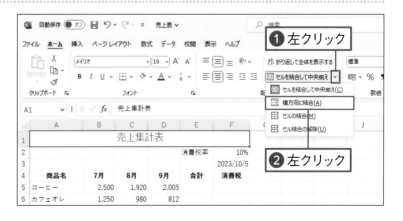

❶ 左クリック

❷ 左クリック

格子の罫線を引こう

ワークシートに表示されている灰色の線は、画面上で見えるだけで、印刷はされません。
表に線を付けて印刷するときは、「罫線（けいせん）」機能を使って罫線を引きます。

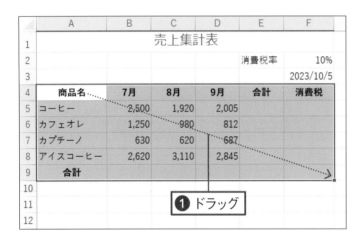

01 表全体を選択する

罫線を引きたいセルをドラッグして選択します❶。ここでは、A4セルからF9セルまでをドラッグしています。

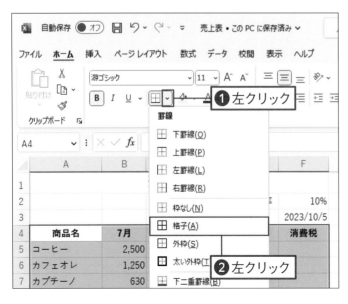

02 格子の罫線を引く

［ホーム］タブの ⊞∨（［罫線］ボタン）右側の ∨ を左クリックします❶。表示されるメニューから、⊞ 格子(A) を左クリックします❷。

売上集計表

	A	B	C	D	E	F
1						
2					消費税率	10%
3						2023/10/5
4	商品名	7月	8月	9月	合計	消費税
5	コーヒー	2,500	1,920	2,005		
6	カフェオレ	1,250	980	812		
7	カプチーノ	630	620	687		
8	アイスコーヒー	2,620	3,110	2,845		
9	合計					
10						

格子の罫線が引けた

03 罫線が引けた

選択したセルに、格子の罫線が引けました。

売上集計表

	A	B	C	D	E	F
1						
2					消費税率	10%
3						2023/10/5
4	商品名	7月	8月	9月	合計	消費税
5	コーヒー	2,500	1,920	2,005		
6	カフェオレ	1,250	980	812		
7	カプチーノ	630	620	687		
8	アイスコーヒー	2,620	3,110	2,845		
9	合計					
10						

❶左クリック

セルの選択が解除される

04 罫線を確認する

罫線を引いたセル以外を左クリックします❶。すると、セルの選択が解除され、表全体に格子の罫線が引かれていることが、はっきり確認できます。

Check!

罫線を削除するには？

罫線をするには、最初に削除したいセルを選択し❶、次に、[ホーム] タブの ⊞ （[罫線] ボタン）右側の ⌄ を左クリックします❷。表示されるメニューから、⊞ 枠なし(N) を左クリックします❸。すると、選択しているセルに引かれているすべての罫線を消すことができます。

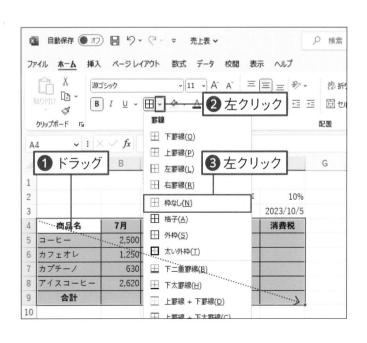

セルの下側に二重罫線を引こう

表の項目とデータの区切りがわかるように、セルの下側に二重罫線を引きます。
格子の罫線を引いた後に違う種類の罫線を引くと、上書きされます。

	A	B	C	D	E	F
1			売上集計表			
2					消費税率	10%
3						2023/10/5
4	商品名	7月	8月	9月	合計	消費税
5	コーヒー	2,500	1,920	2,005		
6	カフェオレ	1,250	980	812		
7	カプチーノ	630	620	687		
8	アイスコーヒー	2,620	❶ ドラッグ			
9	合計					
10						
11						
12						
13						
14						

01 セルを選択する

罫線を引きたいセルをドラッグして選択します❶。ここでは、A4セルからF4セルまでをドラッグしています。

	A	B	C	D	E	F
1			売上集計表			
2					消費税率	10%
3						2023/10/5
4	商品名	7月	8月	9月	合計	消費税
5	コーヒー	2,500	1,920	2,005		
6	カフェオレ	1,250	980	812		
7	カプチーノ	630	620	687		
8	アイスコーヒー	2,620	3,110	2,845		
9	合計					
10						
11						
12			❶ Ctrl ＋ドラッグ			
13						
14						

02 離れたセルを同時に選択する

Ctrl キーを押しながら、下二重罫線を引きたい他のセルをドラッグして選択します❶。ここでは、A8セルからF8セルまでをドラッグしています。

Memo

離れたセルを同時に選択するときは、2つ目以降のセルを Ctrl キーを押しながら選択します。

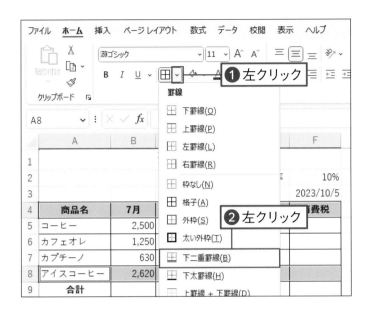

03 下二重罫線を引く

[ホーム] タブの ⊞▾（[罫線] ボタン）右側の ▾ を左クリックします❶。 表示されるメニューから、🔲 下二重罫線(B)（[下二十罫線]）を左クリックします❷。

セルの下側が二重罫線になった

04 下二重罫線が引けた

罫線以外のセルを左クリックします❶。 離れた 2 か所のセルの下側に、 同時に二重線が引かれたことが確認できます。

> **Memo**
> 最初に引いた格子の罫線が下二重罫線に上書きされます。

Check!

表の外枠を太くするには?

表の外枠だけを太くするには、 表全体を選択し、[ホーム] タブの ⊞▾（[罫線] ボタン）右側の ▾ を左クリックします❶。 表示されるメニューから、🔲 太い外枠(T)（[太い外枠]）を左クリックします❷。

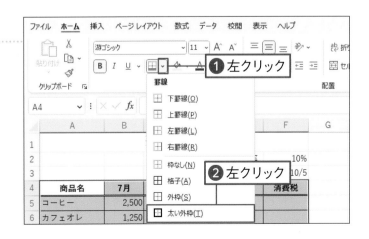

セルに色を付けよう

表の項目が入力されたセルや、注目してほしいデータが入力されているセルに色を付けると、
表が見やすくなります。

01 セルを選択する

色を付けたいセルをドラッグして選択します❶。ここでは、A4セルからF4セルまでをドラッグしています。

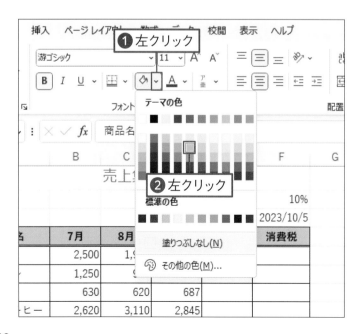

02 文字の色を変更する

[ホーム]タブの（[塗りつぶしの色]ボタン）右側の🔽を左クリックします❶。色のパレットが表示されるので、セルに付けたい色を左クリックします❷。ここでは、「青、アクセント1、白＋基本色60％」に設定しています。

	A	B	C	D	E	F
1			売上集計表			
2					消費税率	10%
3						2023/10/5
4	商品名	7月	8月	9月	合計	消費税
5	コーヒー	2,500	1,920	2,005		
6	カフェオレ	1,250	980	812		
7	カプチーノ	630	600	687		
8	アイスコーヒー					
9	合計					
10						
11						
12						

セルに色が付いた

03 セルに色が付いた

選択したセルに色が付きました。

	A	B	C	D	E	F
1			売上集計表			
2					消費税率	10%
3						2023/10/5
4	商品名	7月	8月	9月	合計	消費税
5	コーヒー	2,500	1,920	2,005		
6	カフェオレ	1,250	980	812		
7	カプチーノ	630	620	687		
8	アイスコーヒー	2,620	3,110	2,845		
9	合計					
10						
11						
12						

セルに色を付ける

04 他のセルにも色を付ける

同様の操作で、A9セルにも色を付けておきます。ここでは、「青、アクセント1、白＋基本色60％」に設定しています。19ページのCheck!の操作で、ブックを上書き保存します。

> **Memo**
> 直前の色と同じ色を付けるときは、□（［塗りつぶしの色］ボタン）を直接左クリックします。

Check!

セルの色をなくすには?

目的とは違うセルに色を付けてしまったときは、［ホーム］タブの□（［塗りつぶしの色］ボタン）右側の□を左クリックします❶。色のパレットから □塗りつぶしなし(N)□ を左クリックすると❷、セルに色が付いていない状態に戻ります。

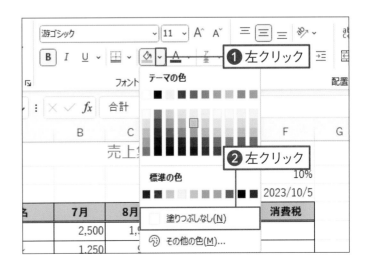

第 **4** 章 練習問題

1 セルに罫線を引く

「04－Q」ファイルを開いて、以下の罫線を引きましょう。

- A3セル～B10セル ： 格子
- A3セル～B3セル ： 下二重罫線

	A	B	C	D	E	F
1	ウォーキング表					
2						
3	日付	歩数				
4	6月1日	6,750				
5	6月2日	7,910				
6	6月3日	9,200				
7	6月4日	11,700				
8	6月5日	7,450				
9	6月6日	7,200				
10	6月7日	10,500				
11						

2 セルに色を付ける

練習問題1の、以下のセルに色を付けましょう。

- A3セル～B3セル ：「ゴールド、アクセント4」
- A4セル～A10セル ：「ゴールド、アクセント4、白＋基本色80%」

	A	B	C	D	E	F
1	ウォーキング表					
2						
3	日付	歩数				
4	6月1日	6,750				
5	6月2日	7,910				
6	6月3日	9,200				
7	6月4日	11,700				
8	6月5日	7,450				
9	6月6日	7,200				
10	6月7日	10,500				
11						

計算しよう

表計算アプリのエクセルは計算が得意です。この章では、セルに入力したデータを使って四則演算の計算式を作成します。また、計算式をコピーする操作や、セルを固定してからコピーする操作も紹介します。計算式の作り方の基本をしっかり覚えましょう。

計算しよう

セルに入力した数値を使って計算をするには、計算式を入力します。この章では、計算式を作る手順と四則演算の計算式の作り方を学びましょう。また、「相対参照」と「絶対参照」の違いを理解して、思い通りに計算式をコピーできるようにしましょう。

計算式とは

エクセルでは、足し算や引き算、掛け算、割り算など、算数で計算するのと同じように計算式を作ることができます。たとえば、下図のように、「コーヒー」の3か月の売上金額の合計を計算したい場合は、セルに計算式を入力すると、ほかのセルに入力した数字を使った計算結果が表示されます。

	A	B	C	D	E	F	G	H
1			売上集計表					
2					消費税率	10%		
3						2023/10/5		
4	商品名	7月	8月	9月	合計	消費税		
5	コーヒー	2,500	1,920	2,005	=B5+C5+D5			
6	カフェオレ	1,250	980	812				
7	カプチーノ	630	620	687				
8	アイスコーヒー	2,620	3,110	2,845				

5行目の「コーヒー」の売上金額の合計を求める

計算式を作る手順

セルに計算式を入力するときは、決められた手順通りに操作します。
計算式の先頭には必ず半角文字の「＝」を付け、その後ろに計算したい数字やセル番地を入力します。
数字やセル番地を半角文字の「＋」「－」などの演算記号でつなぎながら計算式を作成します。

数字を使った計算式（76ページ参照）

$$= 2500 + 1920 + 2005$$

セル番地を使った計算式（78ページ参照）

$$= B5 + C5 + D5$$

計算式はコピーできる

セル番地を使った計算式をコピーすると、コピー先に合わせて自動的に列番号や行番号が変化します。これを「相対参照」と呼びます（80ページ参照）。

	A	B	C	D	E	F
1			売上集計表			
2					消費税率	10%
3						2023/10/5
4	商品名	7月	8月	9月	合計	消費税
5	コーヒー	2,500	1,920	2,005	6,425	
6	カフェオレ	1,250	980	812	=B6+C6+D6	
7	カプチーノ	630	620	687	1,937	
8	アイスコーヒー	2,620	3,110	2,845	8,575	
9	合計					
10						

E5セルの計算式をE6セルに
コピーすると、行番号が1行
ずれてコピーされる

また、計算式をコピーしても、セル番地がずれないように固定することもできます。これを「絶対参照」と呼びます（82ページ参照）。

	A	B	C	D	E	F
1			売上集計表			
2					消費税率	10%
3						2023/10/5
4	商品名	7月	8月	9月	合計	消費税
5	コーヒー	2,500	1,920	2,005	6,425	=E5*F2
6	カフェオレ	1,250	980	812	3,042	304
7	カプチーノ	630	620	687	1,937	194
8	アイスコーヒー	2,620	3,110	2,845	8,575	858
9	合計					
10						

消費税のF2セルを
計算式の中で固定できる

Check!

四則演算の記号

計算式に利用する記号は、「＋」（足し算）、「－」（引き算）、「＊」（掛け算）、「/」（割り算）があります。掛け算と割り算の記号は、算数で使う記号とは異なるので注意が必要です。

計算式を入力しよう

エクセルでは、計算したい数値をキーボードから入力しながら計算式を作成できます。
ここでは、「コーヒー」の金額の合計を足し算で計算してみましょう。

	A	B	C	D	E
1		売上集計表			
2					❶ 左クリック
3					
4	商品名	7月	8月	9月	合計
5	コーヒー	2,500	1,920	2,005	＝
6	カフェオレ	1,250	980	812	
7	カプチーノ	630	620	687	
8	アイスコーヒー	2,620	3,110	2,845	
9	合計				❷ 入力する
10					
11					

01 計算式の記号を入力する

20ページの操作で、「売上表」ブックを開きます。計算結果を表示したいセル（ここではE5セル）を左クリックします❶。続いて、半角で「＝」を入力します❷。

> **Memo**
> ここでは、「コーヒー」の金額の合計を求めるため、計算結果を表示したいE5セルを左クリックして、「＝」を入力しています。

	A	B	C	D	E
1		売上集計表			
2					消費税率
3					❶ 入力する
4	商品名	7月	8月	9月	合計
5	コーヒー	2,500	1,920	2,005	＝2500
6	カフェオレ	1,250	980	812	
7	カプチーノ	630	620	687	
8	アイスコーヒー	2,620	3,110	2,845	
9	合計				
10				「＝2500」と表示された	
11					

02 計算したい数値を入力する

セルに「＝」が表示されたら、数値を入力します❶。

> **Memo**
> 数値を入力するときに、カンマ（,）を入力する必要はありません。

03 演算記号を入力する

足し算の「＋」の記号を入力します❶。

04 計算式を入力する

残りの計算式を入力します❶。

「＝2500＋1920＋2005」と
表示される

05 計算結果が表示できた

計算式を入力できたら、 Enter キーを押します❶。 すると、 計算結果が表示されます。

「6,425」と表示された

Memo

E5セルに計算式を入力すると、 E5セルには計算式を実行した結果だけが表示されます。 52ページで設定した3桁区切りのカンマも表示されます。 これに対して、 数式バーには、 計算式そのものが表示されます。

セル番地を指定して計算しよう

練習ファイル 05-02a　完成ファイル 05-02b

76ページの操作では、元の数値が変わるたびに計算式を作り直さなければなりません。
数値が入力されたセルの場所（セル番地）を指定して計算することもできます。

	A	B	C	D	E
1			売上集計表		
2					❶左クリック
3					
4	商品名	7月	8月	9月	合計
5	コーヒー	2,500	1,920	2,005	=
6	カフェオレ	1,250	980	812	
7	カプチーノ	630	620	687	
8	アイスコーヒー	2,620	3,110	2,845	
9	合計				❷入力する

01 計算式の記号を入力する

計算結果を表示したいセル（ここではE5セル）を左クリックします❶。続いて、半角で「＝」を入力します❷。

Memo
ここでは、「コーヒー」の金額合計を求めるため、計算結果を表示したいE5セルを左クリックして、「＝」を入力しています。すでに計算式が入力されていた場合は上書きされます。

	A	B	C	D	E
1			売上集計表		
2		❶左クリック			消費税率
3					
4	商品名	7月	8月	9月	合計
5	コーヒー	2,500	1,920	2,005	=B5
6	カフェオレ	1,250	980	812	
7	カプチーノ	630	620	687	
8	アイスコーヒー	2,620	3,110	2,845	
9	合計				「＝B5」と表示された

02 1つ目のセルを左クリックする

計算式に含めたい数値の入ったセル（ここではB5セル）を左クリックします❶。すると、自動的に「＝」の後に左クリックしたセル番地が入力されます。

Memo
B5セルの周りには青い点線枠が表示され、このセルが計算対象になっていることを示しています。

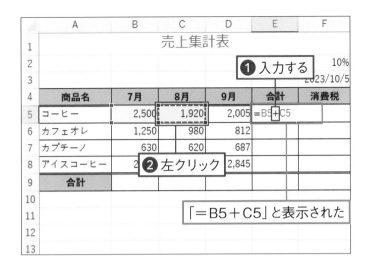

03 2つ目のセルを 左クリックする

セル番地を入力できたら、足し算の「＋」を入力します❶。続いて、2つ目の数値の入ったセル（ここではC5セル）を左クリックします❷。

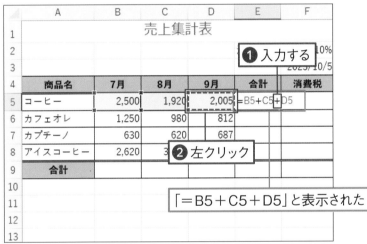

04 3つ目のセルを 左クリックする

さらに、「＋」を入力し❶、3つ目の数値の入ったセル（ここではD5セル）を左クリックします❷。これで、計算式が完成しました。

05 計算結果が表示できた

	A	B	C	D	E	F
1			売上集計表			
2					❶ Enter キーを押す	
3					2023/10/5	
4	商品名	7月	8月	9月	合計	消費税
5	コーヒー	2,500	1,920	2,005	6,425	
6	カフェオレ	1,250	980	812		
7	カプチーノ	630	620	687		
8	アイスコーヒー	2,620	3,110	2,845		
9	合計					
10						
11				「6,425」と表示された		
12						
13						

Enter キーを押します❶。すると、E5セルに計算結果が表示されます。

Memo
E5セルを左クリックすると、数式バーには入力した計算式の内容が表示されます。

計算式をコピーしよう

セル番地を参照して作成した計算式をコピーすると、
コピー先のセルに合わせて計算式の内容が自動的に変化します。

01 コピー元の計算式を選択する

計算式をコピーしてみましょう。コピーしたい計算式の入ったセル（ここではE5セル）を左クリックします❶。

E5 =B5+C5+D5

売上集計表

❶左クリック

商品名	7月	8月	9月	合計
コーヒー	2,500	1,920	2,005	6,425
カフェオレ	1,250	980	812	
カプチーノ	630	620	687	
アイスコーヒー	2,620	3,110	2,845	
合計				

Memo
ここでは、E5セルに入力したコーヒーの売上合計を足し算する計算式をE6〜E8セルにコピーします。

02 マウスポインターを移動する

選択したセルの右下に ■（フィルハンドル）が表示されるので、■ にマウスポインターを移動します❶。マウスポインターの形が ✚ に変化します。

売上集計表

❶マウスポインターを移動する

商品名	7月	8月	9月	合計
コーヒー	2,500	1,920	2,005	6,425
カフェオレ	1,250	980	812	
カプチーノ	630	620	687	
アイスコーヒー	2,620	3,110	2,845	
合計				

マウスポインターの形が変わった

	A	B	C	D	E	F
1		売上集計表				
2					消費税率	
3					2023	
4	商品名	7月	8月	9月	合計	消費
5	コーヒー	2,500	1,920	2,005	6,425	
6	カフェオレ	1,250	980	812		
7	カプチーノ	630	620	687		
8	アイスコーヒー	2,620	3,110	2,845		
9	合計					
10						
11					❶ ドラッグ	

03 コピー先のセルまでドラッグする

マウスポインターが ✚ に変化した状態で、コピー先のセルまでドラッグします❶。 ここでは、 E8セルまでドラッグしています。

	A	B	C	D	E	F
1		売上集計表				
2					消費税率	
3					2023	
4	商品名	7月	8月	9月	合計	消費
5	コーヒー	2,500	1,920	2,005	6,425	
6	カフェオレ	1,250	980	812	3,042	
7	カプチーノ	630	620	687	1,937	
8	アイスコーヒー	2,620	3,110	2,845	8,575	
9	合計					
10						
11		各行の数値の合計が表示された				

04 計算式がコピーできた

マウスボタンから手を離すと、 ドラッグしたセルに計算式がコピーされ、 それぞれの行に入力した数値の合計が計算されていることが確認できます。

Check!

相対参照ではセル番地が自動的に変化する

計算式がコピーされたE6セルやE7セルを左クリックして、 数式バーで計算式の内容を見てみると、 行番号が自動的に1行ずつずれてコピーされていることがわかります。
このように、 元の計算式を入力したセルを基準にして、 コピー先に合わせて行番号や列番号が相対的にずれる参照方法を「相対参照」と呼びます。

E5セルに入力した計算式をコピーすると、 それぞれの行の計算式は右の内容になります。

セル	計算式
E5セル (コピー元)	= B5 + C5 + D5
E6セル	= B6 + C6 + D6
E7セル	= B7 + C7 + D7
E8セル	= B8 + C8 + D8

絶対参照で計算しよう

計算式をコピーしたときに、計算元のセル番地がずれては困る場合があります。
このようなときは、「絶対参照」を使ってセル番地を固定します。

消費税を求める

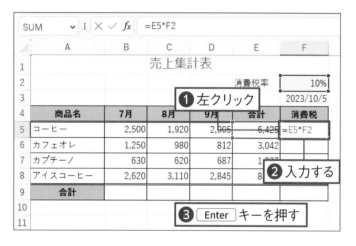

01 計算式を入力する

F5セルを左クリックし❶、E5セルの合計に対する消費税を求める計算式を入力して❷、Enterキーを押します❸。

> **Memo**
> 消費税は「コーヒーの金額合計＊消費税率」で求められるので、「＝E5＊F2」の計算式を入力します。

02 消費税が表示された

コーヒーの消費税が計算できました。

82

計算式をコピーする（失敗）

	A	B	C	D	E	F
1			売上集計表			
2			❶ マウスポインターを移動する			
3						2023/10/5
4	商品名	7月	8月	9月	合計	消費税
5	コーヒー	2,500	1,920	2,005	6,425	643
6	カフェオレ	1,250	980	812	3,042	
7	カプチーノ	630	620	687	1,937	
8	アイスコーヒー	2,620	3,110	2,845	8,575	
9	合計					
10						
11					❷ ドラッグ	

01 計算式をコピーする

計算式を入力したF5セルの右下の ■（フィルハンドル）にマウスポインターを移動し❶、コピー先のセルまでドラッグします❷。ここでは、F8セルまでドラッグしています。

	A	B	C	D	E	F
1			売上集計表			
2					消費税率	10%
3						2023/10/5
4	商品名	7月	8月	9月	合計	消費税
5	コーヒー	2,500	1,920	2,005	6,425	643
6	カフェオレ	1,250	980	812	3,042	137510568
7	カプチーノ	630	620	687	1,937	#VALUE!
8	アイスコーヒー	2,620	3,110	2,845	8,575	5509438
9	合計					
10						
11					エラーが表示された	

02 エラーが表示される

計算結果が明らかにおかしいセルや、エラーが表示されるセルがあります。

Check!

エラーの原因を確かめる

エラーが表示されたF7セルを左クリックして❶、数式バーで計算式を確認すると❷、「=E7＊F4」と表示されます。これは、計算式が相対参照でコピーされたため、F2セルの消費税率のセル番地がずれたことが原因です。

絶対参照を指定する

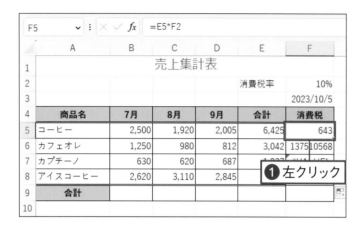

01 セルを選択する

計算式の中のF2セルを「絶対参照」に変更します。F5セルを左クリックします❶。

02 数式バーを左クリックする

数式バーの「F2」部分を左クリックします❶。

Memo

「F2」のどの部分を左クリックしてもかまいません。

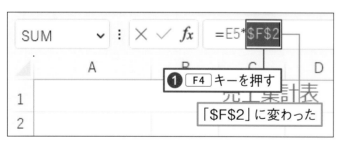

03 計算式を修正する

キーボードの F4 キーを押すと❶、「F2」が「F2」に変わります。

Check!

F4 キーで絶対参照を指定する

手順 03 で F4 キーを押すと、最初は「F2」と表示されます。続いて、F4 キーを押すごとに、「$」記号の位置が右のように変化します。絶対参照では「$」記号の付いたセル番地や、行番号、列番号が固定されます。

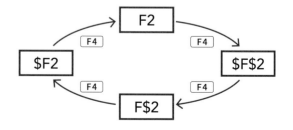

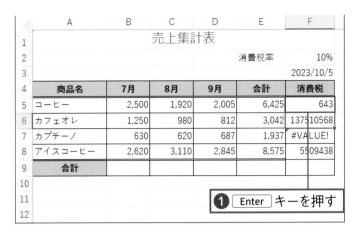

04 計算式を確定する

手順 03 で計算式が「=E5*F2」に変わったら、 Enter キーを押して計算式を格納します❶。

05 計算式をコピーする

83ページの操作で計算式をコピーします❶。それぞれの行の消費税が正しく計算されていることを確認します。 19ページのCheck!の操作で、ブックを上書き保存します。

❶ Enter キーを押す

❶ ドラッグ

消費税を正しく計算できた

Check!

相対参照と絶対参照のコピー結果はこう違う

F5セルに入力した計算式を絶対参照にしないでコピーすると、 下表の右端の列のような結果になります。縦方向にコピーすると、 F2セルの消費税率のセルが1行ずつ下にずれてコピーされます。 一方、 絶対参照に変更した計算式をコピーすると、 下表の中央の列のような結果になります。 コピー先でも絶対参照のセル番地はずれることなく固定されるため、 常にF2セルで掛け算が行えます。

セル番地	絶対参照の計算式の場合	相対参照の計算式の場合
計算式を入力したセル (F5)	= E5 * F2	= E5 * F2
コピー先のセル (F6)	= E6 * F2	= E6 * F3
コピー先のセル (F7)	= E7 * F2	= E7 * F4
コピー先のセル (F8)	= E8 * F2	= E8 * F5

第 5 章　練習問題

1　計算式を入力する

「05-Q」ファイルを開いて、C5セルに歩数の前日差を求める計算式をセル番地を使って入力しましょう。前日差は「今日の歩数-前日の歩数」で求められます。

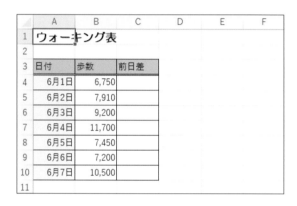

2　計算式をコピーする

練習問題1で作成したC5セルの計算式をC10セルまでコピーしましょう。

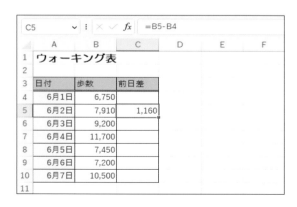

関数を使おう

エクセルには「関数」がたくさん用意されています。手間がかかる計算や難しい計算も、関数を使うとかんたんに計算できます。この章では、セルに入力したデータを使って、合計や平均、最大値、最小値を求める関数の作り方を解説します。

関数を使おう

エクセルでは、関数を使って計算式を作成することもできます。
関数を使うと、四則演算の計算式よりもかんたんに計算でき、複雑な計算も行えます。
よく使う関数を例にして、関数の入力方法と修正方法を学びましょう。

関数とは

関数とは、よく使う計算や複雑な計算などをかんたんに使えるようにしたものです。たとえば、たくさんのセルの合計を求めるには、セルを1つずつ足すよりも、SUM関数を使ったほうが速くてかんたんです。エクセルには400種類以上の関数が用意されており、合計や平均以外にも、財務計算や日付の計算などの複雑な計算を行えます。

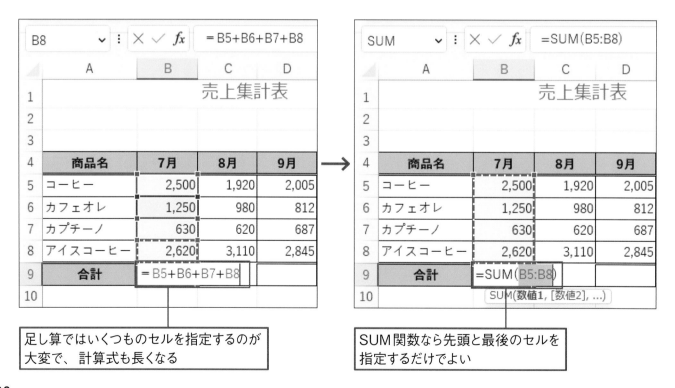

足し算ではいくつものセルを指定するのが大変で、計算式も長くなる

SUM関数なら先頭と最後のセルを指定するだけでよい

関数の書式について

この章では、合計を求める「SUM関数」と平均を求める「AVERAGE関数」、最大値を求める「MAX関数」、最小値を求める「MIN関数」の4つの関数について解説します。関数には関数ごとに決められたルールがあり、ルール通りに計算式を入力する必要があります。このルールのことを「書式」と呼んでいます。

関数の書式では、先頭には必ず「＝」を付け、「＝」の後ろに関数名を入力します。関数名に続いて引数（ひきすう）をカッコ「()」で囲んで指定します。「引数」とは、計算や処理に必要な要素のことで、関数によって指定方法は異なります。

イコール
関数の先頭には必ず「＝」を付けます。「＝」がないと数式とは判断されないため、計算できません。

関数名
関数の名前です。小文字で入力しても、自動的に大文字に変換されます。

引数（ひきすう）
関数の計算に必要な要素で、引数全体をカッコ「()」で囲みます。合計の場合は、合計を求めたい範囲を引数に指定します。「:」（コロン）は連続したセルを指定するときに使う記号で、上記の場合は「B5セルからB8セルまで」という意味になります。

6-1

練習ファイル 06-01a 　完成ファイル 06-01b

SUM関数を使って
合計を求めよう

第5章では、四則演算の足し算でセルの数値の合計を求めました。
エクセルには合計をかんたんに計算できる「SUM（サム）」という関数が用意されています。

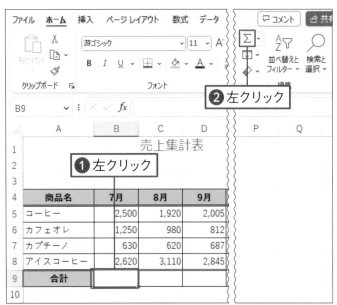

01 合計ボタンを左クリックする

20ページの操作で、「売上表」ブックを開きます。最初に、計算結果を表示したいセル（ここではB9セル）を左クリックし❶、[ホーム]タブの Σ（[合計]ボタン）を左クリックします❷。

> **Memo**
> Σ（[合計]ボタン）は、パソコンの環境によって形状が異なる場合があるので注意してください。

02 計算式を確認する

自動的に「＝SUM（B5：B8）」の計算式が表示されます。これは、括弧の中に指定されているB5セルからB8セルまでの合計を求めなさいという意味です。

90

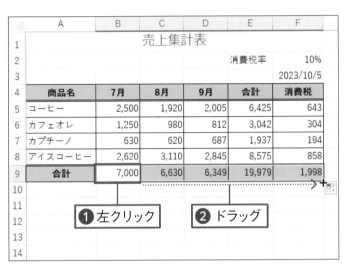

03 Enter キーを押して 計算式を格納する

Enter キーを押します❶。すると、B9セルに、B5セルからB8セルまでの合計の計算結果が表示されます。

❶ Enter キーを押す

計算結果が表示された

04 計算式をコピーする

B9セルを左クリックし❶、B9セルの■（フィルハンドル）をF9セルまでドラッグします❷。計算式が相対参照でコピーされ、月ごとの売上合計が計算されます。

❶左クリック

❷ドラッグ

Memo

相対参照についての詳細は、81ページのCheck!を参照してください。

Check!

SUM関数の読み方

関数は、計算の目的に応じてさまざまなものが用意されており、それぞれに名前があります。合計を求める関数はSUM関数で、「サム関数」と呼びます。これは、英語の「Summary」から付けられた名前です。

AVERAGE関数を使って平均を求めよう

平均を求めるには、AVERAGE（アベレージ）関数を使います。
自動的に表示されるAVERAGE関数の引数をしっかり確認して、必要に応じて修正します。

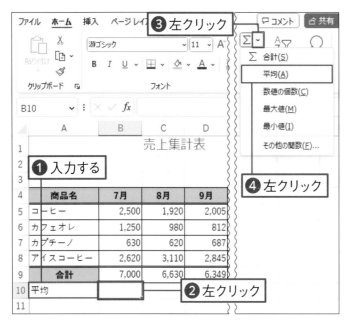

01 合計ボタンを左クリックする

A10セルに「平均」と入力します❶。計算結果を表示したいセル（ここではB10セル）を左クリックします❷。［ホーム］タブの∑（［合計］ボタン）右側のをを左クリックし❸、メニューが表示されたら、［平均］を左クリックします❹。

> **Memo**
> ∑（［合計］ボタン）は、パソコンの環境によって形状が異なる場合があるので注意してください。

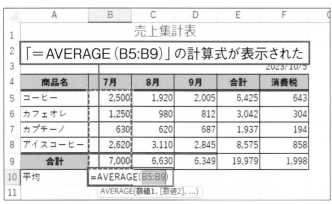

02 計算式を確認する

B10セルに、自動的に「＝AVERAGE(B5:B9)」の計算式が表示されます。これは、B5セルからB9セルまでの平均を求めなさい、という意味です。

92

03 セル範囲を修正する

自動的に入力された式には、平均を求めるには不要なB列の「合計」（B9セルの数値）が入っています。そこで、「B5:B9」の部分を「B5:B8」に変更します。正しいセル範囲をドラッグすると❶、B10セルの計算式が「＝AVERAGE（B5:B8）」に変わります。

04 計算式を格納する

Enter キーを押します❶。すると、B10セルに平均の計算結果が表示されます。

05 計算式をコピーする

B10セルの ■（フィルハンドル）を、F10セルまでドラッグします❶。計算式が相対参照でコピーされ、月ごとの売上平均が計算されます。

MAX関数を使って 最大値を求めよう

指定した範囲内でいちばん大きな値を求めるには、MAX（マックス）関数を使います。
∑（[合計] ボタン）右側の⌄から、かんたんに計算式を作成できます。

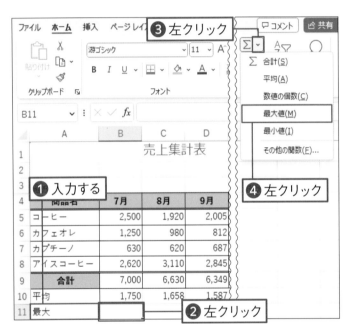

01 合計ボタンを 左クリックする

A11セルに「最大」と入力します❶。計算結果を表示したいセル（ここではB11セル）を左クリックします❷。[ホーム]タブの∑（[合計] ボタン）右側の⌄を左クリックし❸、メニューが表示されたら、[最大値]を左クリックします❹。

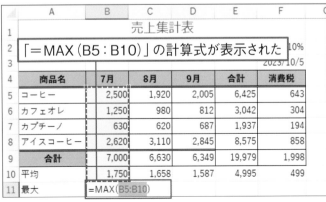

02 計算式を確認する

B11セルに、自動的に「＝MAX(B5:B10)」の計算式が表示されます。これは、B5セルからB10セルまでの中で最大値を求めなさい、という意味です。

	A	B	C	D	E	F
1			売上集計表			
2				消費税率		10%
3						2023/10/5
4	商品名	7月	8月	9月	合計	消費税
5	コーヒー	2,500	1,920	2,005	6,425	643
6	カフェオレ	1,250	980			304
7	カプチーノ	630	620			194
8	アイスコーヒー	2,620	3,110	2,845	8,575	858
9	合計	7,000	6,630	6,349	19,979	1,998
10	平均	1,750	1,658	1,587	4,995	499
11	最大	=MAX(B5:B8)				
12		MAX(数値1, [数値2], …)				

❶ ドラッグ

「=MAX(B5:B8)」に変わった

03 セル範囲を修正する

自動的に入力された式には、最大値を求めるには不要なB列の「合計」(B9セルの数値) と「平均」(B10セルの数値) が入っています。 そこで、「B5:B10」の部分を「B5:B8」に変更します。 正しいセル範囲をドラッグすると❶、B11セルの計算式が「=MAX (B5:B8)」に変わります。

	A	B	C	D	E	F
1			売上集計表			
2				消費税率		10%
3						2023/10/5
4	商品名	7月	8月	9月	合計	消費税
5	コーヒー	2,500	1,920	2,005	6,425	643
6	カフェオレ	1,250	980	812	3,042	304
7	カプチーノ	630	620	687	1,937	194
8	アイスコーヒー	2,620	3,110	2,845	8,575	858
9	合計	7,000	6,630	6,349	19,979	1,998
10	平均	1,750	1,658	1,587	4,995	499
11	最大	2,620				

❶ Enter キーを押す

計算結果が表示された

04 計算式を格納する

Enter キーを押します❶。 すると、 B11セルに7月の売上の最大値が表示されます。

	A	B	C	D	E	F
1			売上集計表			
2				消費税率		10%
3						2023/10/5
4	商品名	7月	8月	9月	合計	消費税
5	コーヒー	2,500	1,920	2,005	6,425	643
6	カフェオレ	1,250	980	812	3,042	304
7	カプチーノ	630	620	687	1,937	194
8	アイスコーヒー	2,620	3,110	2,845	8,575	858
9	合計	7,000	6,630	6,349	19,979	1,998
10	平均	1,750	1,658	1,587	4,995	499
11	最大	2,620	3,110	2,845	8,575	858

❶ ドラッグ

05 計算式をコピーする

B11セルの ■ (フィルハンドル) を、 F11セルまでドラッグします❶。 計算式が相対参照でコピーされ、 月ごとの最大値が計算されます。

練習ファイル 06-04a　完成ファイル 06-04b

MIN関数を使って
最小値を求めよう

指定した範囲内でいちばん小さな値を求めるには、 MIN（ミニマム）関数を使います。
Σ（[合計] ボタン）右側の∨から、 かんたんに計算式を作成できます。

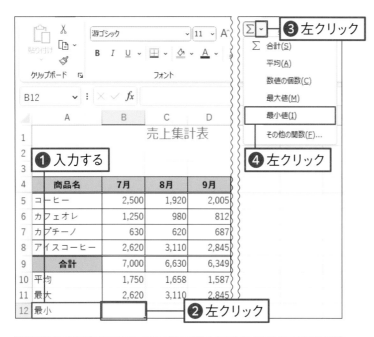

01 合計ボタンを
左クリックする

A12 セルに「最小」と入力します❶。 計算
結果を表示したいセル（ここでは B12 セル）
を左クリックします❷。［ ホーム ］タブ
の Σ（［合計］ ボタン） 右側の∨を左クリック
し❸、 メニューが表示されたら、［最小値］
を左クリックします❹。

02 計算式を確認する

B12 セルに、自動的に「＝MIN（B5:B11）」
の計算式が表示されます。 これは、 B5 セ
ルから B11 セルまでの中で最小値を求めな
さい、 という意味です。

	A	B	C	D	E	F
1			売上集計表			
2					消費税率	10%
3						2023/10/5
4	商品名	7月	8月	9月	合計	消費税
5	コーヒー	2,500	1,920	2,005	6,425	643
6	カフェオレ	1,250	980		42	304
7	カプチーノ	630	620		37	194
8	アイスコーヒー	2,620	3,110	2,845	8,575	858
9	合計	7,000	6,630	6,349	19,979	1,998
10	平均	1,750	1,658	1,587	4,995	499
11	最大	2,620	3,110	2,845	8,575	858
12	最小	=MIN(B5:B8)				
13		MIN(数値1, [数値2], …)				
14						

❶ ドラッグ

「＝MIN（B5:B8）」に変わった

03 セル範囲を修正する

自動的に入力された式には、最小値を求めるには不要なB列の「合計」（B9セルの数値）と「平均」（B10セルの数値）、「最大値」（B11セルの数値）が入っています。そこで、「B5:B11」の部分を「B5:B8」に変更します。正しいセル範囲をドラッグすると❶、B12セルの計算式が「＝MIN（B5:B8）」に変わります。

	A	B	C	D	E	F
1			売上集計表			
2					消費税率	10%
3						2023/10/5
4	商品名	7月	8月	9月	合計	消費税
5	コーヒー	2,500	1,920	2,005	6,425	643
6	カフェオレ	1,250	980	812	3,042	304
7	カプチーノ	630	620	687	1,937	194
8	アイスコーヒー	2,620	3,110	2,845	8,575	858
9	合計	7,000	6			998
10	平均	1,750	1,658	1,587	4,995	499
11	最大	2,620	3,110	2,845	8,575	858
12	最小	630	620	687	1,937	194
13						

❶ Enter キーを押す

計算結果が表示された　**❷ ドラッグ**

04 計算式を格納してコピーする

Enter キーを押します❶。すると、B12セルに7月の売上の最小値が表示されます。B12セルの ■（フィルハンドル）を、F12セルまでドラッグします❷。計算式が相対参照でコピーされ、月ごとの最小値が計算されます。

	A	B	C	D	E	F
1			売上集計表			
2					消費税率	10%
3						2023/10/5
4	商品名	7月	8月	9月	合計	消費税
5	コーヒー	2,500	1,920	2,005	6,425	643
6	カフェオレ	1,250	980			
7	カプチーノ	630	620	687	1,937	194
8	アイスコーヒー	2,620	3,110	2,845	8,575	858
9	合計	7,000	6,630	6,349	19,979	1,998
10	平均	1,750	1,658	1,587	4,995	499
11	最大	2,620	3,110	2,845	8,575	858
12	最小	630	620	687	1,937	194
13						
14						

下二重罫線を引いた

A9セルからF9セルの書式をコピーした

05 表の見た目を整える

68ページの操作でE8セルからF8セルに下二重罫線を引きます。続いて、56ページの操作で、A9セルからF9セルの書式をA10セルからF12セルにそれぞれコピーします。最後に、19ページのCheck!の操作で上書き保存します。

第6章 練習問題

1 SUM関数を入力する

「06−Q」ファイルを開いて、B11セルにB列の
「歩数」を合計するSUM関数を入力しましょう。

	A	B	C	D	E
1	ウォーキング表				
2					
3	日付	歩数	前日差		
4	6月1日	6,750			
5	6月2日	7,910	1,160		
6	6月3日	9,200	1,290		
7	6月4日	11,700	2,500		
8	6月5日	7,450	-4,250		
9	6月6日	7,200	-250		
10	6月7日	10,500	3,300		
11	週合計				
12	週平均				
13					

2 AVERAGE関数を入力する

練習問題1のB12セルに、B列の「歩数」を平均する
AVERAGE関数を入力しましょう。

	A	B	C	D	E
1	ウォーキング表				
2					
3	日付	歩数	前日差		
4	6月1日	6,750			
5	6月2日	7,910	1,160		
6	6月3日	9,200	1,290		
7	6月4日	11,700	2,500		
8	6月5日	7,450	-4,250		
9	6月6日	7,200	-250		
10	6月7日	10,500	3,300		
11	週合計	60,710			
12	週平均				
13					

グラフを作ろう

エクセルでは、表のデータを元にしてさまざまな種類の
グラフを作成できます。この章では、表のデータから積
み上げ棒グラフを作成する操作を通して、グラフの作成
方法やグラフの編集方法を解説します。

グラフを作ろう

数値データをグラフ化すると、棒の長さや線の角度、扇型の面積などを見るだけで、
数値の全体的な傾向が分かりやすくなります。この章では、ビジネスでよく使う縦棒グラフを
例にして、表のデータからグラフを作成したり編集したりする手順を学びましょう。

グラフの作成手順

グラフは表のデータを元に作成します。最初に、
表のデータの中でグラフ化したいセルを選択し、
次にグラフの種類を選びます。グラフが表示さ
れたら、グラフの見た目を整えます。

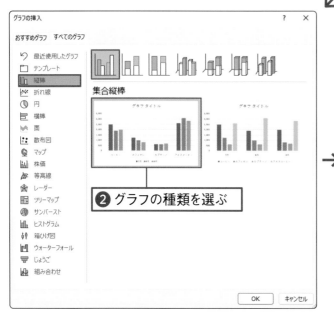

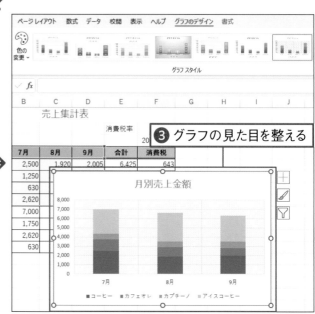

エクセルで作成できるグラフの種類

グラフは数値の全体的な傾向を示すときに使います。数値の大きさを比較するときは「棒グラフ」、数値の推移を示すときは「折れ線グラフ」、数値の割合を示すときは「円グラフ」というように、目的に合ったグラフの種類を選ぶことが大切です。エクセルでは、ビジネスでよく使うグラフを含むさまざまな種類のグラフを作成できます。

集合縦棒グラフ

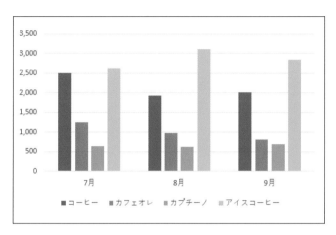

マーカー付き折れ線グラフ

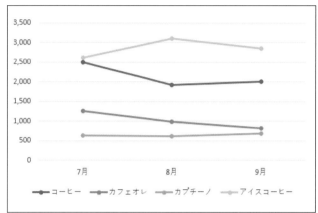

円グラフ

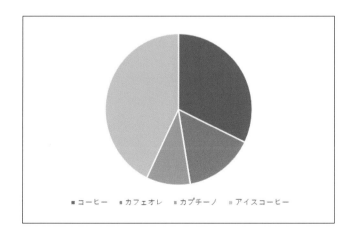

積み上げ縦棒グラフ

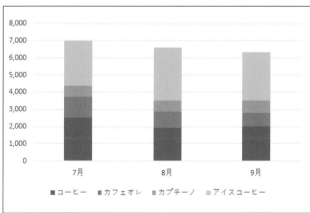

表からグラフを作ろう

エクセルでは、 表のデータを元にしてグラフを作成します。
表の中でグラフにしたい範囲を指定するだけで、 かんたんにグラフを作成できます。

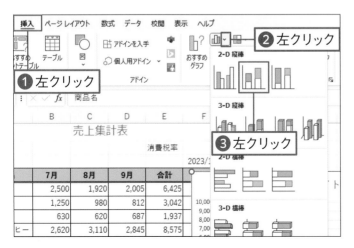

01 グラフにするデータを選択する

ここでは、 商品ごとの月別の売上金額を比較する積み上げ棒グラフを作成します。 グラフを作成するには、 最初に、 表中のグラフにする部分 (ここではA4セルからD8セル) をドラッグして選択します❶。

> **Memo**
> E列の「合計」、F列の「消費税」、9行目の「合計」、10行目の「平均」、11行目の「最大値」、12行目の「最小値」はグラフに必要ないため選択しません。

02 グラフの種類を選ぶ

グラフにするデータが選択できたら、 [挿入] タブを左クリックします❶。 [グラフ] グループから、 ▥ ([縦棒/横棒グラフの挿入] ボタン) 右側の ▿ を左クリックします❷。 メニューからグラフのパターン (ここでは2Dの [積み上げ縦棒]) を左クリックします❸。

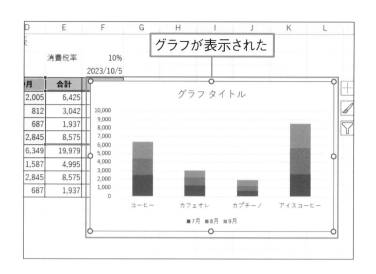

グラフが表示された

03 グラフが表示される

シート上にグラフが表示されました。

Memo

グラフを移動したりサイズを変更したりする操作は、104ページを参照してください。

Check!

グラフを削除する

作成したグラフを削除するには、グラフの余白部分を左クリックして選択します❶。続いて、[Delete]キーを押します❷。これでグラフ全体を削除できます。グラフの余白部分にマウスポインターを移動すると、「グラフエリア」という吹き出しが表示されるので、これを目安にしましょう。

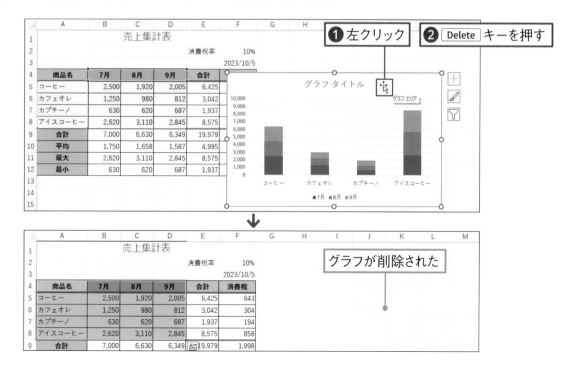

❶左クリック ❷[Delete]キーを押す

グラフが削除された

グラフの大きさや位置を変えよう

作成したグラフは、 最初は表の上に重なって表示されます。
グラフの位置や大きさを変更して、 見やすくなるように調整しましょう。

グラフを移動する

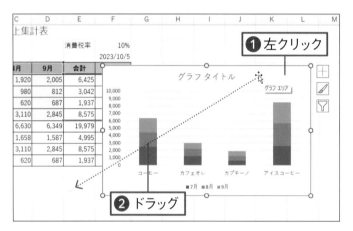

01 グラフを選択する

グラフを移動するときは、 グラフの余白部分を左クリックします❶。 グラフの周りに枠が表示されたら、 そのまま移動先までドラッグします❷。

Memo
グラフの余白部分にマウスポインターを移動すると、「グラフエリア」という吹き出しが表示されるので、これを目安にしてドラッグします。

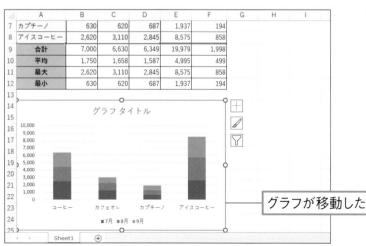

02 グラフが移動できた

マウスボタンから手を離すと、 グラフ全体が移動できます。

グラフの大きさを変える

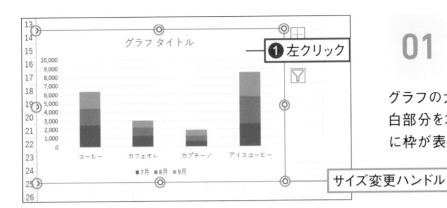

❶ 左クリック

サイズ変更ハンドル

01　グラフを選択する

グラフの大きさを変えるときは、グラフの余白部分を左クリックします❶。グラフの周りに枠が表示され、8個の ◎ が表示されます。

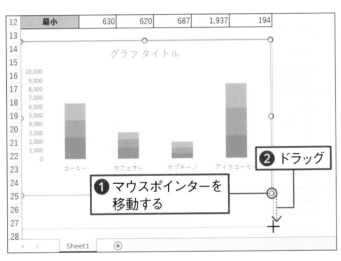

❷ ドラッグ

❶ マウスポインターを移動する

02　グラフの大きさを変更する

グラフの周りに表示されている ◎ のいずれかにマウスポインターを移動します❶。マウスポインターの形が ↖ に変化したら、そのままドラッグします❷。

> **Memo**
> グラフの四隅にある ◎ にマウスポインターを移動してドラッグすると、グラフの縦横比を維持したまま大きさを変更できます。

03　グラフの大きさが変更された

マウスボタンから手を離すと、ドラッグした分だけグラフの大きさを変更できました。

グラフの大きさが変わった

> **Memo**
> ここでは、グラフの右下がF27セルになるように縦方向に拡大しています。

105

グラフにタイトルを付けよう

グラフを挿入すると、グラフの上部に「グラフタイトル」の領域が表示されます。
グラフの目的がわかるタイトルを入力しましょう。

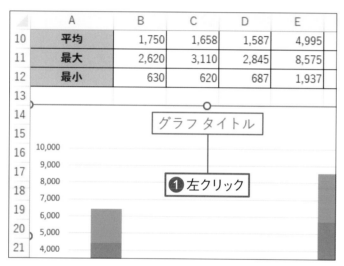

01 グラフタイトルを選択する

「グラフタイトル」と表示されている部分を左クリックします❶。

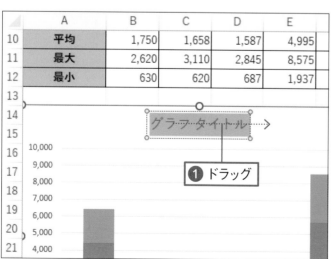

02 文字を選択する

「グラフタイトル」の周りに枠が表示されます。「グ」の文字の左側から「ル」の文字の右側まで、右方向にドラッグして選択します❶。

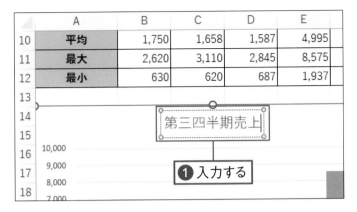

① 入力する

03 タイトルを入力する

「グラフタイトル」の文字が反転したら、キーボードから文字を入力します①。 ここでは「第三四半期売上」と入力します。

① 左クリック

第三四半期売上

タイトルが表示された

04 タイトルが表示された

グラフタイトル以外の部分を左クリックします①。 これで、 グラフのタイトルを追加できました。

Check!

グラフタイトルに書式を設定する

グラフタイトルの文字のフォントやサイズなどは、セルに入力した文字と同じように後から自由に変更できます。 最初に、 グラフタイトルをドラッグしてすべての文字を選択します①。 次に、 [ホーム] タブの 游ゴシック ([フォント] ボタン)や 11 ([フォントサイズ] ボタン)を使って書式を設定します (46ページ参照)。

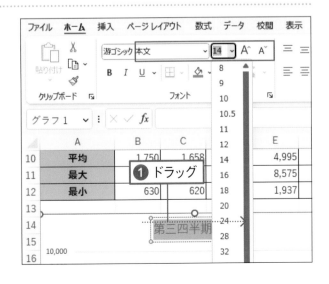

① ドラッグ

行と列を入れ替えよう

グラフの横軸に月名が表示されるようにします。
（［行／列の入れ替え］ボタン）を左クリックすると、商品名と月名が入れ替わります。

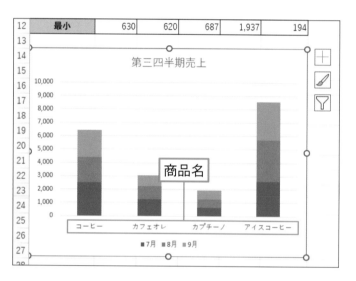

01　グラフを確認する

グラフの横軸に「商品名」が表示されていることを確認します。

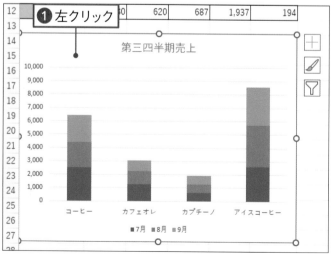

02　グラフを選択する

グラフの余白部分を左クリックして、グラフ全体を選択します❶。

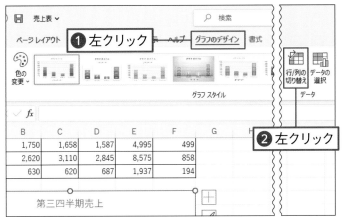

03 行と列を入れ替える

[グラフのデザイン] タブを左クリックします
❶。 続いて、🔲（［行／列の入れ替え］ボタ
ン）を左クリックします❷。

04 行と列が入れ替わった

グラフの横軸に「月」が表示されます。

Check!

行と列とは

エクセルは、 最初にドラッグしたセル範囲
の大きさに応じて、 横軸に表示する項目
を決定します。 ここでは、横軸に「商品名」
が並び、 月ごとの売上が積み上げ縦棒と
して表示されました。 横軸に「月」を並べ
て月ごとの売上を比較したいときは、
🔲（［行／列の入れ替え］ボタン）を左クリッ
クします。横軸にどちらを表示するかによっ
て、 グラフで伝えたい内容が異なります。

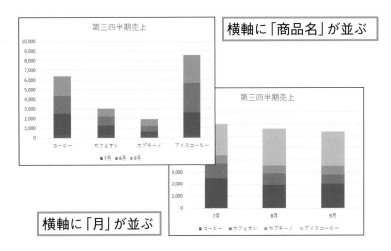

横軸に「商品名」が並ぶ

横軸に「月」が並ぶ

練習ファイル 07-05a　完成ファイル 07-05b

グラフの軸に単位を表示しよう

グラフの左側の軸に表示されている数値に「ラベル」を追加します。
ここでは、数値が金額であることがわかるように、「円」の単位を表示しましょう。

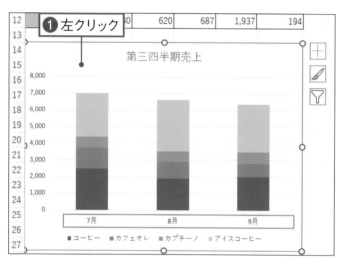

01 グラフを選択する

グラフの余白部分を左クリックしてグラフ全体を選択します❶。

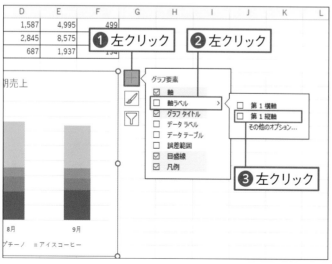

02 グラフ要素を選択する

グラフの右側の田（[グラフ要素]ボタン）を左クリックします❶。メニューが表示されたら、□ 軸ラベル（[軸ラベル]ボタン）の右側の▷を左クリックします❷。続いて、□ 第1縦軸（[第1縦軸]ボタン）を左クリックします❸。

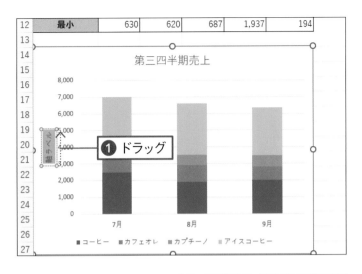

03 軸ラベルの領域が表示される

グラフの左側に「軸ラベル」の領域が表示されます。「軸」の文字の下側から「ル」の文字の上側まで、上方向にドラッグします❶。

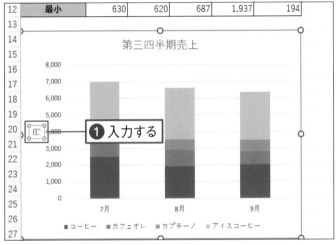

04 ラベルを入力する

キーボードから文字を入力します❶。

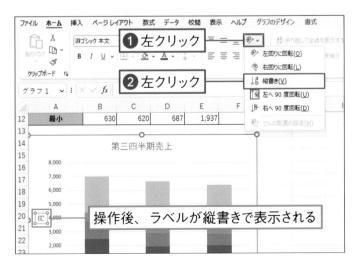

05 ラベルを縦書きで表示する

[ホーム] タブの $\boxed{\text{◇} \vee}$ ([方向] ボタン) を左クリックします❶。メニューが表示されたら、$\boxed{\text{↓ᵇᵇ 縦書き(V)}}$ ([縦書き] ボタン) を左クリックします❷。

練習ファイル 07-06a 完成ファイル 07-06b

グラフの配色やスタイルを変えよう

[色の変更] 機能や [グラフのスタイル] の機能を使うと、
グラフ全体の色とデザインを後からかんたんに変更できます。

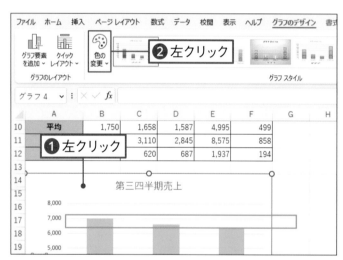

01 グラフの色を表示する

グラフの余白部分を左クリックして、グラフ全体を選択します❶。グラフの周りに枠が表示されます。[グラフのデザイン] タブの 🎨 ([色の変更] ボタン) を左クリックします❷。

02 グラフの色を選ぶ

配色の一覧が表示されたら、目的の配色を左クリックします❶。ここでは、「モノクロパレット5」を設定しています。

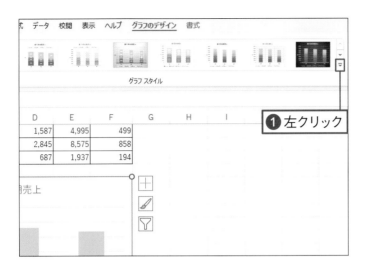

03 グラフのデザインを表示する

グラフ全体の色が変わりました。続いて、[グラフのデザイン] タブの [グラフのスタイル] グループ右下の ▽ ([その他] ボタン) を左クリックします❶。

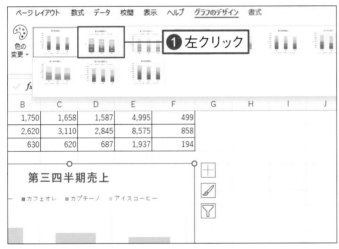

04 グラフのデザインを選ぶ

グラフのデザインの一覧が表示されたら、目的のデザインを左クリックします❶。 ここでは、「スタイル2」を設定しています。

05 グラフのデザインが変わった

グラフ全体に、 選択したデザインが適用されました。

Memo

デザインが気に入らないときは、手順 04 の操作で何度でもやり直せます。

113

練習ファイル 07-07a　完成ファイル 07-07b

グラフの種類を
変更しよう

グラフを作成する時に、グラフの種類を選び間違えたとしても、最初からグラフを
作り直す必要はありません。グラフの種類を選び直すだけで変更できます。

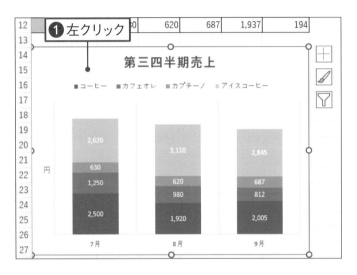

01　グラフを選択する

グラフの余白部分を左クリックして、グラフ
全体を選択します❶。

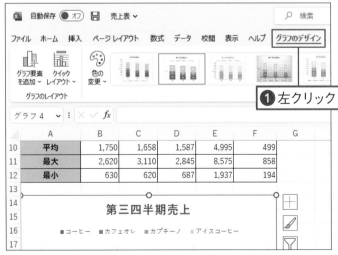

02　グラフのデザインタブに
切り替える

グラフの周りに枠が表示されます。[グラフ
のデザイン] タブを左クリックします❶。

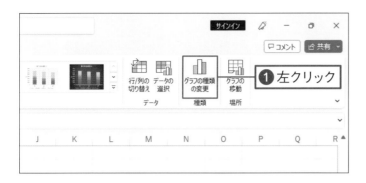

03 グラフの種類を表示する

（[グラフの種類の変更] ボタン）を左クリックします❶。

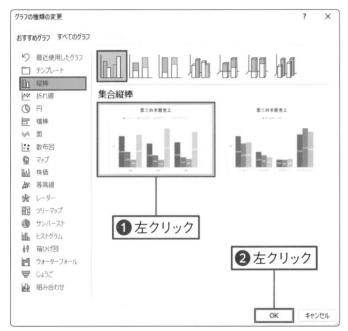

04 グラフの種類を指定する

「グラフの種類の変更」画面が表示されます。変更後のグラフの種類を左クリックして選択します❶。ここでは、[集合縦棒]を選択します。その状態で OK を左クリックします❷。

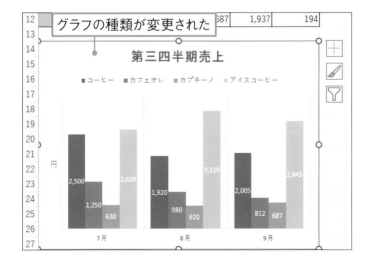

グラフの種類が変更された

05 グラフの種類が変わった

グラフの種類が変わりました。19ページのCheck!の操作で、ブックを上書き保存します。

Memo

グラフの種類を変更しても、グラフタイトルやグラフの色、スタイルはそのまま引き継がれます。

第 7 章 練習問題

1 「折れ線グラフ」を作成する

「07－Q」ファイルを開いて、日付ごとの歩数の推移を示す折れ線グラフを作成しましょう。

- グラフ範囲　　：A3セルからB10セル
- グラフの種類　：マーカー付き折れ線グラフ
- グラフの位置　：E3セルからK12

	A	B	C	D	E
1	ウォーキング表				
2					
3	日付	歩数	前日差		
4	6月1日	6,750			
5	6月2日	7,910	1,160		
6	6月3日	9,200	1,290		
7	6月4日	11,700	2,500		
8	6月5日	7,450	-4,250		
9	6月6日	7,200	-250		
10	6月7日	10,500	3,300		
11	週合計	60,710			
12	週平均	8,673			
13					
14					
15					

2 グラフに色とスタイルを適用する

練習問題1で作成したグラフの色を「モノクロパレット4」に変更しましょう。続いて、「スタイル4」のグラフのスタイルを適用しましょう。

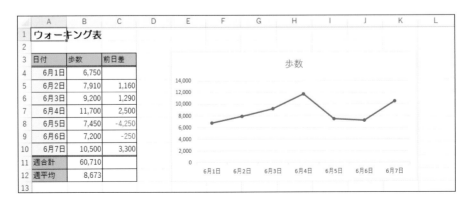

表やグラフを印刷しよう

作成した表やグラフを印刷してみましょう。この章では、用紙のサイズや向きを変えたり、印刷する位置を設定するなどして、表やグラフをきれいに印刷する操作を解説します。また、エクセルのブックをPDF形式でエクスポートする操作も紹介します。

表やグラフを印刷しよう

エクセルでは、 画面で見た通りに印刷されないことがあります。
そのため、 表やグラフを印刷するには、 事前に画面で印刷イメージを確認することが大切です。
この章では、 印刷する時に必要な設定方法やPDF形式での保存方法を覚えましょう。

印刷イメージを確認する

作成した表やグラフをいきなり印刷すると、 用紙の隅に小さく印刷されたり、 用紙からはみ出したりするなどして、 何度も印刷し直さなければならない場合があります。 必ず、 印刷前に印刷イメージを確認しましょう。

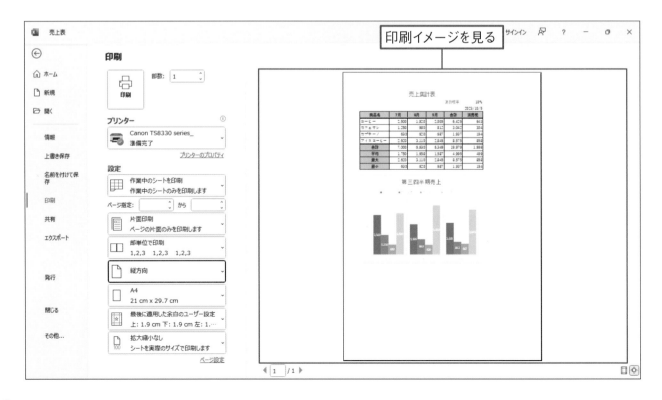

用紙や配置を変更する

印刷イメージを見て不具合があった個所は、「印刷」画面で修正します。用紙のサイズや向き、表やグラフを印刷する位置などを修正すると、そのまま印刷イメージに反映されます。

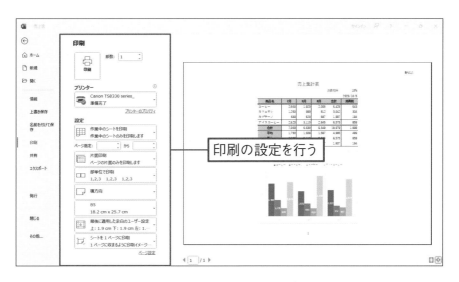

印刷の設定を行う

PDF形式で保存する

PDF形式のファイルは、WindowsやMacなどのパソコン環境に関係なく、ファイルの内容を表示できます。また、エクセルのブックをPDF形式で保存すると、パソコンにエクセルがインストールされていなくてもファイルを表示できます。

エクセルのブック

PDF形式で保存したファイル

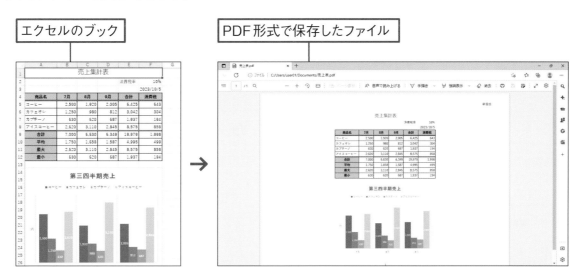

表やグラフを印刷しよう

完成した表やグラフを印刷します。 いきなり用紙に印刷するのではなく、
「印刷」画面で印刷イメージをしっかり確認してから印刷する習慣を付けましょう。

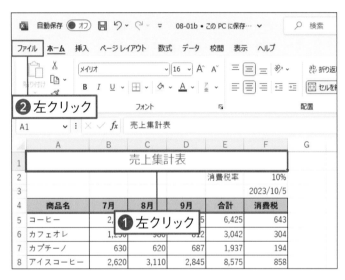

01 グラフ以外のセルを選択する

表やグラフを印刷する前に、 画面上で印刷イメージを確認します。 グラフ以外のセルを左クリックします❶。 [ファイル] タブを左クリックします❷。

Memo

グラフを左クリックすると、 グラフだけが印刷されてしまいます。 表とグラフを印刷するときは、 グラフ以外のセルを左クリックします。

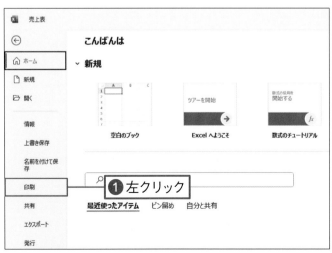

02 印刷イメージを表示する

印刷 （ [印刷] ボタン）を左クリックします❶。

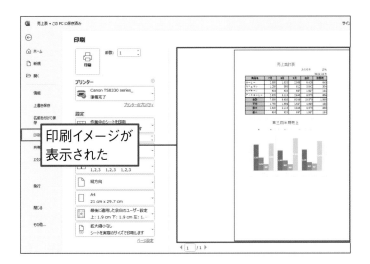

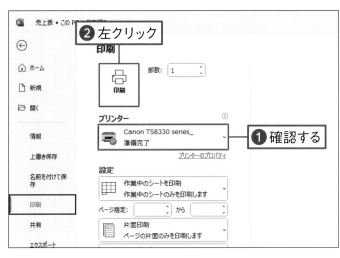

03 印刷イメージが表示された

「印刷」画面に切り替わり、右側に印刷するときのイメージが表示されます。

> **Memo**
>
> 印刷が次のページにまたがるときは、画面の中央下にある ▶（[次のページ]ボタン）を左クリックすると、確認できます。

04 印刷を実行する

左側の[プリンター]にパソコンに接続されているプリンターが表示されていることを確認します①。次に、プリンターの電源が入っていることや、プリンターに用紙がセットされていることを確認します。

最後に、🖨（[印刷]ボタン）を左クリックします②。

Check!

ワークシートに表示される点線は何？

印刷イメージを表示した後にワークシートに戻ると、画面上に縦横に点線が表示されます。これは、ページの区切りを示す点線です。点線の内側が1ページに印刷される領域です。

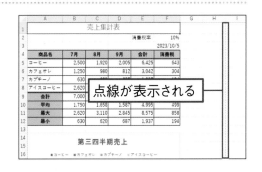

用紙の向きとサイズを変えよう

エクセルでは、最初はA4用紙を縦置きで印刷するように設定されています。
用紙を横置きにしたり、用紙のサイズを変更したりする方法を解説します。

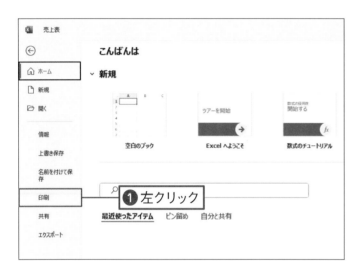

01 印刷イメージを表示する

［ファイル］タブを左クリックします。続いて、
印刷 （［印刷］ボタン）を左クリックします
❶。

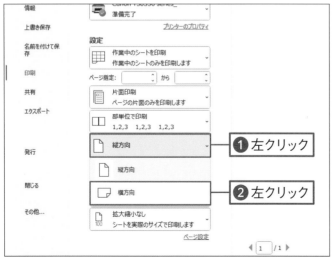

02 用紙の向きを変更する

左側の 縦方向 （［縦方向］ボタン）を
左クリックし❶、表示されるメニューから
横方向 （［横方向］）を左クリックします
❷。

Memo

❶の操作で左クリックする場所が最初から「横方向」
である場合は、用紙の向きを変更する必要はありま
せん。

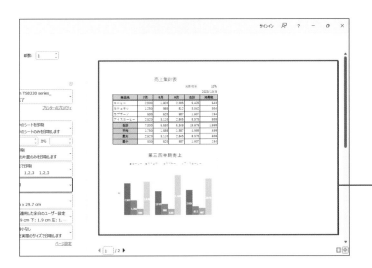

03 用紙の向きが変わった

右側の印刷イメージを見ると、用紙が横置きに変わったことが確認できます。

用紙の向きが変わった

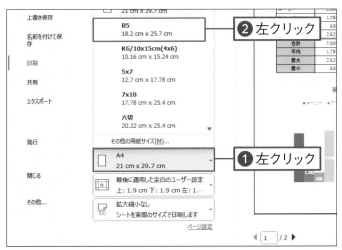

❷ 左クリック

❶ 左クリック

04 用紙のサイズを変更する

次に、用紙のサイズを変更します。

□ A4　21 cm x 29.7 cm　を左クリックします❶。表示される用紙の一覧から、印刷したい用紙サイズ（ここでは「B5」）を左クリックします❷。

Memo

❶の操作で左クリックする場所は「A4」以外のサイズが表示されていることもあります。

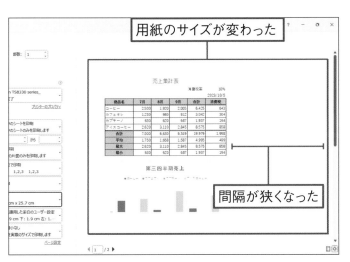

用紙のサイズが変わった

間隔が狭くなった

05 用紙のサイズが変わった

右側の印刷イメージを見ると、用紙サイズが変わったことが確認できます。

Memo

ここでは用紙サイズを小さくしたため、グラフの下側が欠けてしまいます。124ページの操作で1ページに収まるように調整します。

練習ファイル 08-03a　完成ファイル 08-03b

1ページに収めて印刷しよう

表やグラフは1ページに収めて印刷したほうが見やすいものです。
エクセルには、自動的に1ページに収まるように印刷する機能が用意されています。

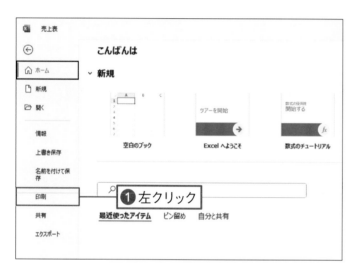

01 印刷イメージを表示する

［ファイル］タブを左クリックします。続いて、
印刷 を左クリックします❶。

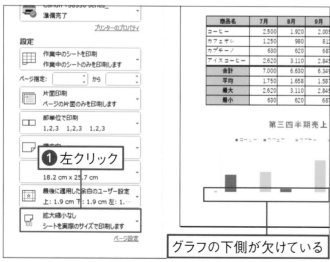

02 拡大縮小のメニューを開く

右側の印刷イメージを見ると、グラフの下側が欠けて、次のページにあふれています。左側の 拡大縮小なし シートを実際のサイズで印刷します （［拡大縮小なし］ボタン）を左クリックします❶。

> **Memo**
> パソコンの環境によっては、❶の操作で左クリックする場所は「拡大縮小なし」以外が表示されていることもあります。

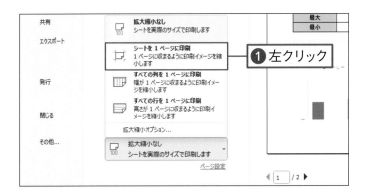

① 左クリック

03 1ページに収まるように設定する

表示されるメニューから [シートを1ページに印刷] ([シートを1ページに印刷]) を左クリックします①。

グラフの下側が1ページに収まった

04 1ページに収まった

右側の印刷イメージを見ると、グラフの下側が1ページに収まっていることが確認できます。

Memo

ここから先は、121ページの手順 04 の方法で印刷を行います。

Check!

表やグラフを拡大して印刷する

作成した表やグラフが小さいときは、印刷時に拡大すると見やすくなります。それには、「印刷」画面で、左側の [ページ設定] を左クリックします①。「ページ設定」画面が表示されたら、[ページ] タブの [拡大縮小印刷] の [拡大/縮小] の数字の右側にある ⬦ ボタンを左クリックして指定します②。「100」より大きな数字を指定すれば拡大され、「100」より小さな数字を指定すれば縮小されます。

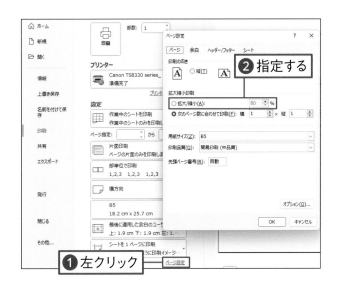

② 指定する

① 左クリック

練習ファイル 08-04a　完成ファイル 08-04b

表やグラフを用紙の中央に印刷しよう

表やグラフを印刷すると、 用紙の左上角から印刷されます。
用紙の横方向に対して中央に印刷できるように設定すると、 見栄えがよくなります。

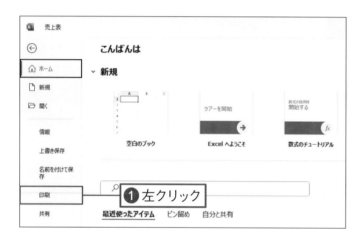

01 印刷イメージを表示する

[ファイル]タブを左クリックします。 続いて、
印刷 を左クリックします❶。

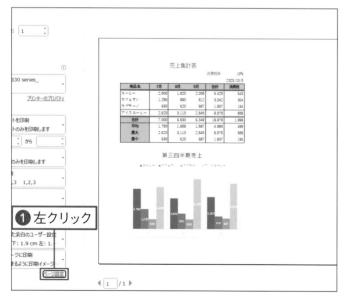

02 設定画面に切り替える

印刷イメージが表示されます。 左側の[ページ設定]を左クリックします❶。

Memo

印刷イメージを見ると、 表やグラフが用紙の左側に寄っていることが分かります。

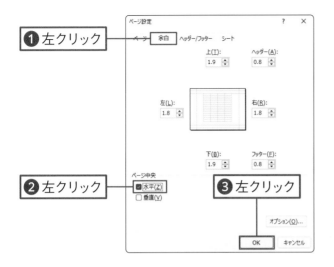

① 左クリック

② 左クリック

③ 左クリック

03 中央に印刷されるように設定する

「ページ設定」画面が表示されます。[余白] タブを左クリックします①。続いて、[水平] を左クリックしてチェックを付けます②。最後に [OK] を左クリックします③。

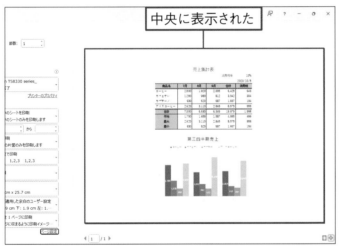

中央に表示された

04 中央に表示された

印刷イメージを見ると、表やグラフが用紙の中央に表示されていることが確認できます。

> **Memo**
> ここから先は、121ページの手順 04 の方法で印刷を行います。

Check!

[水平] と [垂直] の違い

手順 03 で、[ページ中央] の [水平] を左クリックしてチェックを付けると、用紙の横方向に対して中央に表示されます。一方、[ページ中央] の [垂直] を左クリックしてチェックを付けると、用紙の縦方向に対して中央に表示されます。[水平] と [垂直] の両方を左クリックしてチェックを付けると、用紙の中心に表示されます。

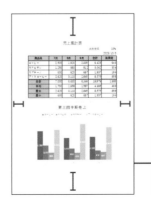

縦方向の用紙で、[水平] と [垂直] の両方にチェックを付けた結果

第8章 表やグラフを印刷しよう

127

ヘッダー・フッターを設定しよう

ページ番号や会社名、作成日など、どのページにも同じ情報を印刷したいときは、
「ヘッダー」と「フッター」を設定します。

ヘッダーを設定する

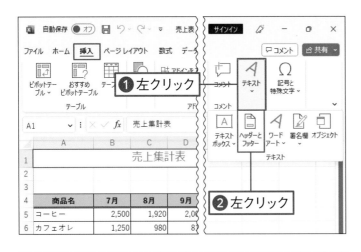

01 ページレイアウト画面に切り替える

[挿入]タブの □ ([テキスト]ボタン)を左クリックします❶。メニューが表示されたら、□ ([ヘッダーとフッター])を左クリックします❷。

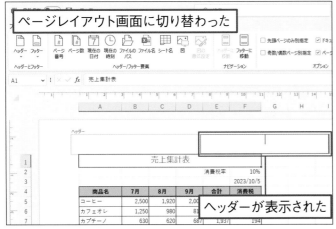

02 ページレイアウト画面に切り替わった

「ページレイアウト」画面に切り替わりました。用紙の上側(ヘッダー)に四角い枠が表示され、枠の中でカーソルが点滅しています。

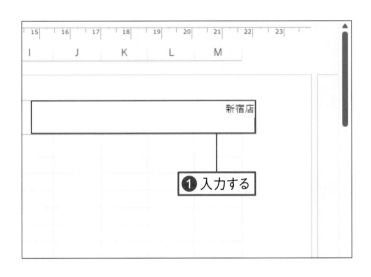

03 ヘッダーの位置を決める

ヘッダーは、用紙の上側の左・中央・右の3箇所に設定できます。ヘッダーを入力したい位置（ここでは右）を左クリックします❶。

04 ヘッダーを設定する

カーソルが表示されたら、ヘッダーに設定したい文字を入力します❶。

第8章

表やグラフを印刷しよう

Check!

ヘッダーに表示できる情報

ヘッダーには、キーボードから入力する情報以外にも、[ヘッダー/フッター]タブにあるボタンを左クリックして日付やファイル名などの情報を表示させることもできます。

フッターを設定する

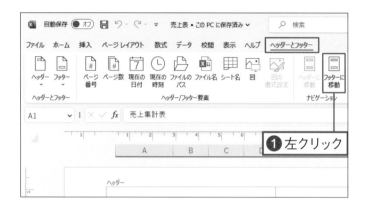

01 フッターに切り替える

次に、フッターにページ番号を設定します。[ヘッダーとフッター]タブの □（[フッターに移動]ボタン）を左クリックします❶。

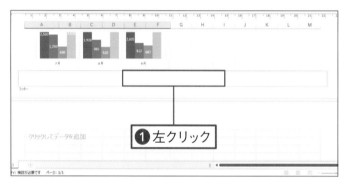

02 フッターの位置を決める

カーソルがフッターに移動しました。フッターは、用紙の下側の左・中央・右の3箇所に設定できます。フッターを入力したい位置（ここでは中央）を左クリックします❶。

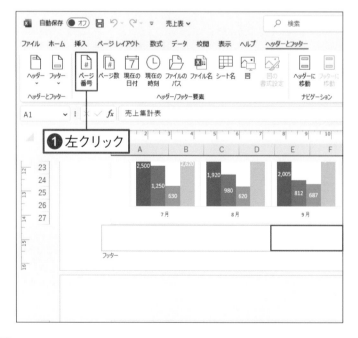

03 フッターを設定する

カーソルが表示されたら、[ヘッダーとフッター]タブの □（[ページ番号]ボタン）を左クリックします❶。

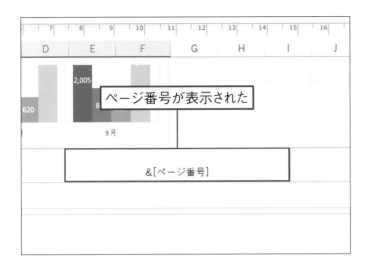

04 フッターを設定できた

フッターの枠内に「&[ページ番号]」と表示されます。これで、フッターにページ番号が振られます。

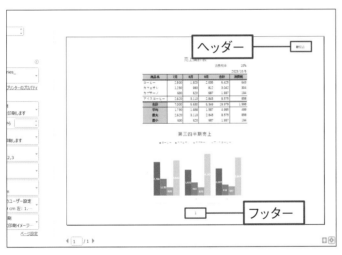

05 印刷イメージを表示する

ヘッダーとフッターを設定できたら、ヘッダー・フッター以外のいずれかのセルを左クリックします。続いて、120ページの方法で印刷イメージを表示します。ヘッダーとフッターに設定した内容は、すべてのページに同じ内容が表示されます。ただし、ページ番号は、自動的に連番になります。

06 標準画面に戻る

ヘッダーとフッターを設定すると、自動的に「ページレイアウト」画面に切り替わります。通常画面に戻るには、[表示]タブを左クリックします❶。続いて、▦([標準]ボタン)を左クリックします❷。

選択した部分だけを印刷しよう

ワークシートに作成した表とグラフのうち、 表だけを印刷してみましょう。
最初に、 印刷したいセルを選択してから印刷を実行します。

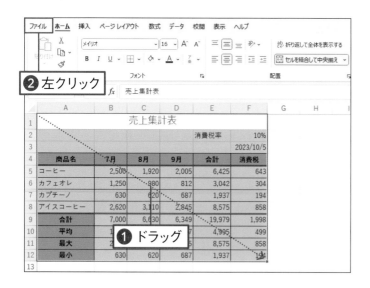

01 印刷範囲を選択する

印刷したいセルをドラッグして選択します❶。
[ファイル] タブを左クリックします❷。 ここ
ではA1 セルからF12セルまでをドラッグし
ています。

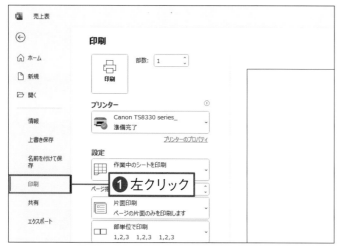

02 印刷イメージを表示する

[印刷] を左クリックします❶。

Memo

印刷イメージには、 まだ表とグラフの両方が表示さ
れます。

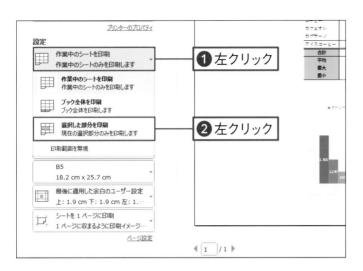

03 印刷範囲を変更する

左側の [作業中のシートを印刷] （[作業中のシートを印刷] ボタン）を左クリックします❶。メニューが表示されたら、[選択した部分を印刷] （[選択した部分を印刷]）を左クリックします❷。

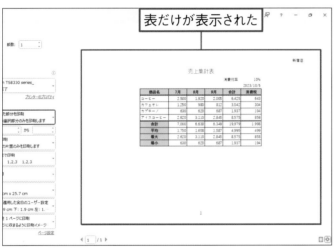

表だけが表示された

04 表だけが表示された

印刷イメージに戻ると、表だけが表示されていることが確認できます。

Memo
ここから先は、121ページの手順 04 の方法で印刷を行います。

Check!

グラフだけを印刷するには?

グラフだけを印刷するには、ワークシートのグラフを左クリックして選択します。この状態で、印刷イメージを表示すると、グラフだけが表示されていることを確認できます。

グラフだけを表示できた

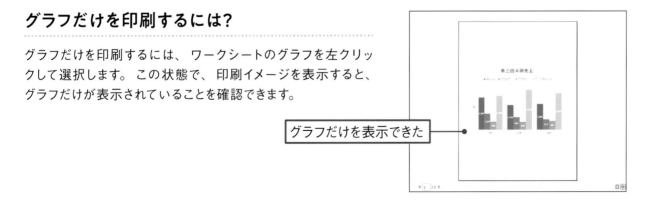

PDF形式で保存しよう

エクセルで作成したブックをPDF形式で保存すると、エクセルがインストールされていない
パソコンでも表やグラフを表示できるようになります。

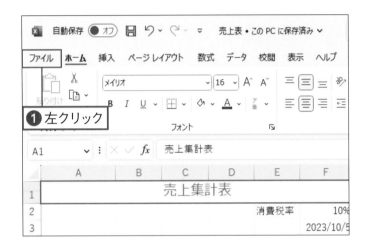

01 ［ファイル］タブに切り替える

［ファイル］タブを左クリックします❶。

02 エクスポートを選ぶ

エクスポート を左クリックします❶。

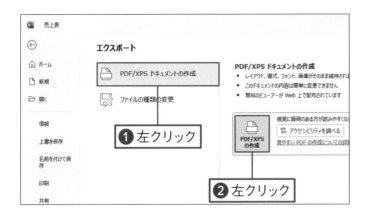

03 PDFドキュメントを作成する

PDF/XPS ドキュメントの作成 （[PDF/XPSドキュメントの作成] ボタン）を左クリックします❶。 続いて、
PDF/XPS の作成 を左クリックします❷。

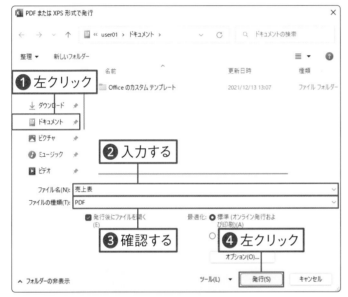

04 保存先とファイル名を指定する

[PDFまたはXPS形式で発行] 画面が表示されます。 ドキュメント を左クリックします❶。 [ファイル名] の欄にファイルの名前を入力します❷。 ファイルの種類に 「PDF」と表示されていることを確認して❸、 発行(S) を左クリックします❹。

Memo

ここでは、 [ドキュメント] フォルダーに 「売上表」 という名前で保存します。

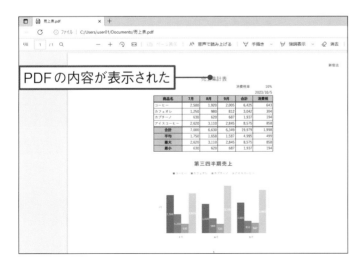

05 PDF形式で保存できた

PDF形式で保存できると、 自動的にブラウザーが起動してファイルの内容が表示されます。

Memo

ブラウザーとは、 インターネットを閲覧するときに使うアプリです。 Windows11 には 「Edge」 というブラウザーが入っています。

135

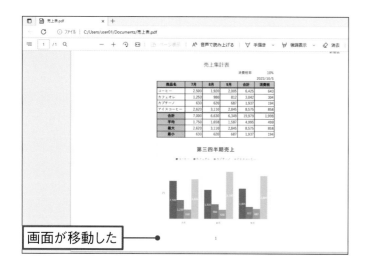

画面が移動した

06 画面をスクロールする

マウスのホイールを手前に回すと、画面の下の方が表示されます。

Memo

PDF形式のファイルは、ページが下方向につながっています。2ページ目以降があるときは、下方向につながって表示されます。

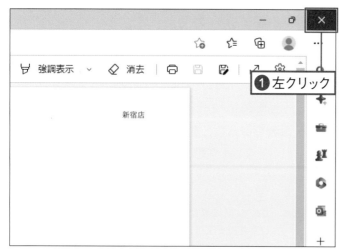

❶左クリック

07 ブラウザーを閉じる

ブラウザーの ⊠（［閉じる］ボタン）を左クリックします❶。

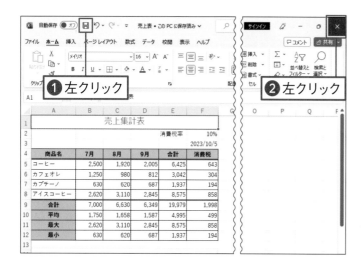

❶左クリック　❷左クリック

08 エクセルを閉じる

19ページのCheck!の操作でブックを上書き保存し❶、13ページの操作でエクセルを終了します❷。

Memo

上書き保存を実行すると、「印刷」画面で設定した内容も一緒に保存されます。

PDF形式とは

PDFとは、「Portable Document Format（ポータブル・ドキュメント・フォーマット）」の略で、アドビ株式会社が開発したファイル形式です。PDF形式で保存すると、電子化された文書として保存できます。また、パソコンの環境を問わず、さまざまな端末でファイルを表示することができます。ただし、ファイルの内容を修正することはできません。閲覧専用のファイルなので、第三者からの改ざんを防止できます。

Check!

PDFファイルが自動的に表示されない場合は?

135ページの手順 04 の［PDFまたはXPS形式で発行］画面で、［発行後にファイルを開く］のチェックボックスがオンになっていると、PDF形式で保存した後に自動的にブラウザーが起動します。自動的に起動しない場合は、保存先のフォルダーを開いて、PDFファイルのアイコンをダブルクリックして起動しましょう。

PDFファイルのアイコン

第 8 章 練習問題

1 印刷イメージを表示する

「08－Q」ファイルを開いて、印刷イメージを表示しましょう。

2 用紙の向き、印刷する位置を指定する

練習問題1の、用紙の向きを横方向に変更します。次に、用紙の水平方向の中央に印刷されるように設定しましょう。

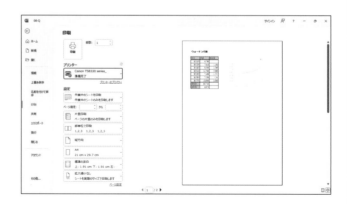

データを
並び替え・検索しよう

この章では、セルに入力したデータを探したり、特定の
文字を他の文字に置換したりする操作を解説します。ま
た、データを大きい順や小さい順に並べ替える操作や、
指定した条件に一致したデータを抽出する操作も解説し
ます。

データを
並び替え・検索しよう

エクセルには、 表を作成したり計算したりするだけでなく、 表の中から目的のデータを素早く
探し出したり、 表のデータを大きい順や小さい順に並べ替える機能も用意されています。
この章では、 作成した表を後から活用するテクニックを紹介します。

データの検索と置換

作成した表が大きくなると、 目的のデータを探すのが大変です。 「検索」 機能を使うと、 キーワードに
一致したデータを素早く探し出すことができます。 また、 表を作成した後に 「出張所」 が 「支店」 に変わっ
たり、 担当者が変わったりしたときは、 手動でデータを修正するのではなく 「置換」 機能を使いましょう。
置換前と置換後の文字列を指定するだけで、 瞬時にデータを修正できます。

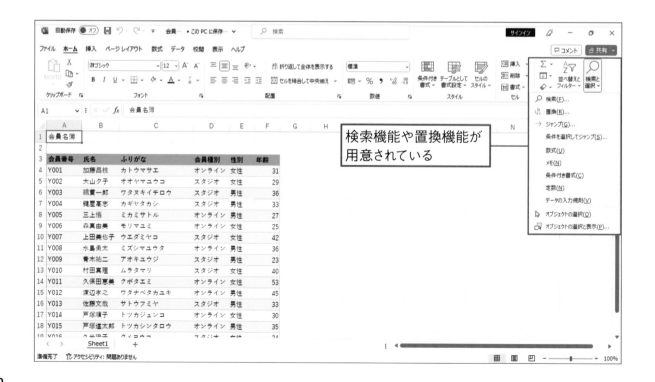

検索機能や置換機能が
用意されている

データの並べ替え

表のデータを後から氏名の五十音順に並べ替えたり、年齢の若い順に並べ替えたりするときには「並べ替え」機能を使います。1つの条件で並べ替えたり、複数の条件で並べ替えたりできます。

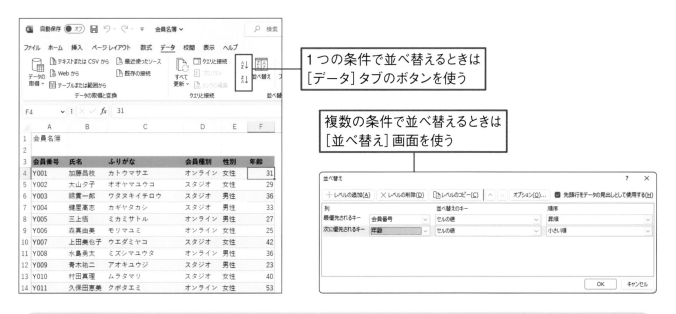

1つの条件で並べ替えるときは
[データ]タブのボタンを使う

複数の条件で並べ替えるときは
[並べ替え]画面を使う

データの抽出

条件に一致したデータを取り出すことを「抽出」と呼びます。「フィルター」機能を使うと、一覧から条件を選ぶだけでかんたんに目的のデータを抽出できます。

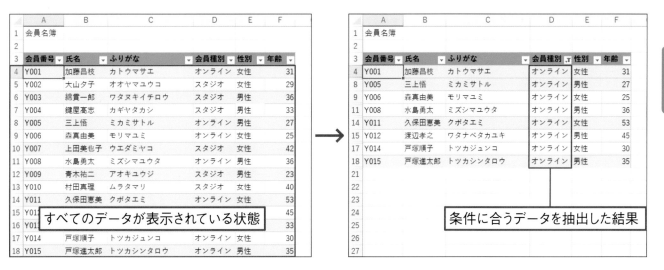

すべてのデータが表示されている状態

条件に合うデータを抽出した結果

データを検索しよう

大きな表の中から、特定の文字や数値を探すときには、検索機能を使うと便利です。
表を目で追って探すよりも素早く、正確に探し出すことができます。

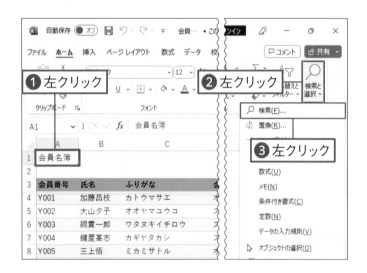

01 検索画面を開く

20ページの操作で、練習ファイルを開きます。シート上のセル（ここではA1セル）を左クリックし①、［ホーム］タブの🔍（［検索と選択］ボタン）を左クリックします②。表示されるメニューから 🔍 検索(F)... を左クリックします③。

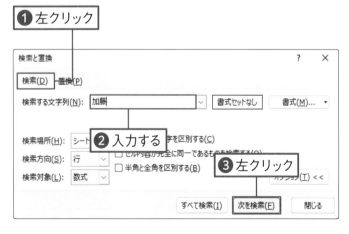

02 検索する文字列を入力する

［検索と置換］画面が開きます。［検索］タブを左クリックします①。続いて、［検索する文字列］の欄を左クリックし、検索する文字列を入力します②。文字を入力後、次を検索(F) を左クリックします③。

Memo
［検索する文字列］に、すでに文字が入っている場合は、その文字を削除してから入力します。

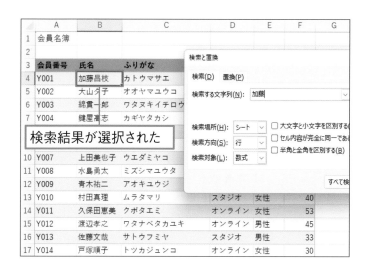

03 検索結果が表示される

検索した文字列がシートの中にあった場合は、その文字列の入っているセルが、自動的に選択されます。

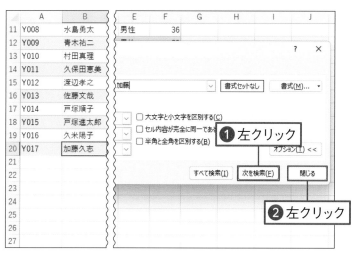

04 データの検索を続ける

次を検索(F) をもう一度左クリックします❶。文字列がほかにもあった場合は、別のセルが選択されます。検索を終了する場合は、閉じる を左クリックします❷。

Check!

検索した文字列がなかった場合は?

シートの中に検索した文字列がなかった場合は、下の画面が表示されます。その場合は、 OK を左クリックして画面を閉じます❶。

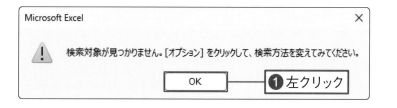

データを置換しよう

特定の文字列を別の文字列に置き換えるには、置換機能を使います。
ここでは、E列の性別の「女性」を「女」に置換します。

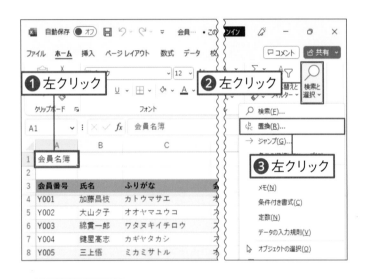

01 置換画面を開く

シート上のセル（ここではA1セル）を左クリックし①、［ホーム］タブの □（［検索と選択］ボタン）を左クリックします②。表示されるメニューから ［置換(R)］ を左クリックします③。

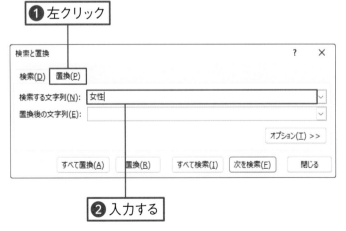

02 置換前の文字列を入力する

［検索と置換］画面が開きます。［置換］タブを左クリックします①。続いて、［検索する文字列］の欄を左クリックし、検索する文字列を入力します②。

Memo
［検索する文字列］に、すでに文字が入っている場合は、その文字を削除してから入力します。

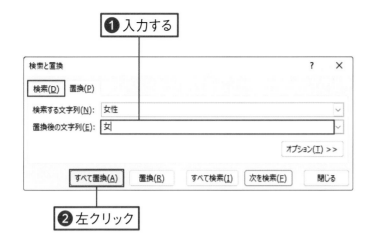
❶入力する

❷左クリック

03　置換後の字列を入力する

続いて、[置換後の文字列]の欄を左クリックし、置換後の文字列を入力します❶。文字を入力後、 すべて置換(A) を左クリックします❷。

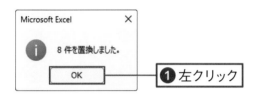
❶左クリック

04　置換結果が表示された

置換を実行した件数が表示されます。 OK を左クリックします。

「女性」が「女」に置換された

❶左クリック

05　データを置換できた

「女性」を「女」にまとめて置換できました。置換を終了する場合は、 閉じる を左クリックします❶。

データを並べ替えよう

エクセルの「並べ替え」機能を使うと、ボタンをクリックするだけで、
年齢の大きい順にデータを並べ替えたり、氏名を五十音順に並べ替えたりできます。

降順で並べ替える

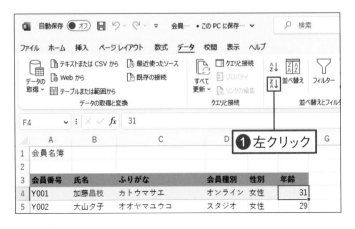

01 列を選択する

基準となる列を決め、その列の数値の大きい順に表全体を並べ替えます。基準となる列のいずれかのセル（ここではF4セル）を左クリックします❶。

Memo

ここでは、F列の「年齢」の大きい順に並べ替えることにします。表内であれば、F列の何行目のセルを左クリックしてもかまいません。

02 データを並べ替える

[データ]タブの［降順］ボタン）を左クリックします❶。

Memo

「降順」とは、「大きい順に並べ替える」という意味です。逆に、小さい順に並べ替えることを「昇順」といいます。

03 データが並べ替わった

F列の「年齢」が大きい順に、表全体が並べ替わりました。

昇順で並べ替える

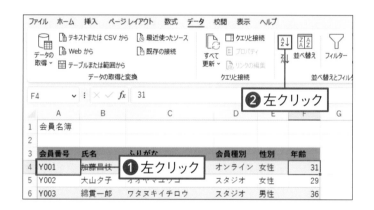

01 列を選択する

基準となる列のいずれかのセル（ここではA4セル）を左クリックします❶。続いて、［データ］タブの［昇順］（［昇順］ボタン）を左クリックします❷。

02 データが並べ替わった

A列の「会員番号」が小さい順に、表全体が並べ替わりました。

第
9
章

データを
並び替え・検索しよう

> **Memo**
> A列の「会員番号」を基準にして昇順で並べ替えると、元の順番に戻ります。

複数の条件でデータを並べ替えよう

146ページで解説した「並べ替え」では、1つの条件で並べ替えを実行しました。
複数の条件でデータを並べ替えるには、「並べ替え」画面で条件を設定します。

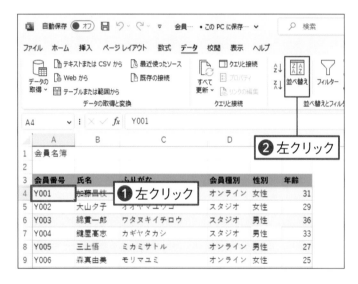

② 左クリック

① 左クリック

01 列を選択する

表のいずれかのセル（ここではA4セル）を左クリックします❶。[データ]タブの 🔲（[並べ替え]ボタン）を左クリックします❶。

Memo

ここでは、D列の「会員種別」ごとに並べ替えます。同じ会員種別のデータは、F列の「年齢」の大きい順に並べ替えることにします。

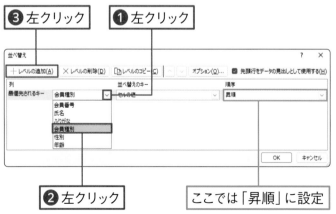

③ 左クリック　　① 左クリック

② 左クリック　　ここでは「昇順」に設定

02 1つ目の条件を指定する

「並べ替え」画面が表示されます。[最優先されるキー]の ☑ を左クリックします❶。一覧から「会員種別」を左クリックします❷。続いて、[＋ レベルの追加(A)] を左クリックします❸。

Memo

ここでは「会員番号」ごとにまとめて並べたいので、「順序」は「昇順」でも「降順」でもかまいません。

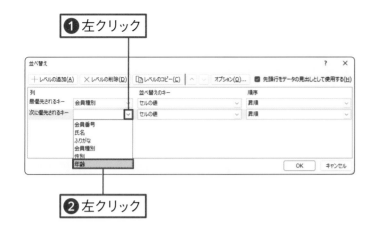

03 2つ目の条件の項目を 指定する

［次に優先されるキー］の ▽ を左クリックします❶。一覧から「年齢」を左クリックします❷。

04 2つ目の条件の順番を 指定する

続いて、［昇順］の ▽ を左クリックし❶、一覧から「大きい順」を左クリックします❷。2つの条件が指定できたら、OK を左クリックします❸。

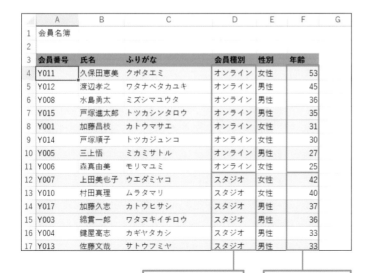

会員種別ごとに並べ替わった

大きい順に並べ替わった

05 データが並べ替わった

D列の「会員種別」ごとにデータが並べ変わり、同じ会員種別のデータは、F列の「年齢」が大きい順に並べ替わりました。

第9章 データを並び替え・検索しよう

Memo
表のデータを元に戻すには、A列の「会員番号」を基準にして、データを昇順で並べ替えます。

練習ファイル 09-05a　完成ファイル 09-05b

条件に合ったデータを抽出しよう

エクセルには、表の中から条件に合ったデータを簡単に探すための
「オートフィルター」という機能が用意されています。

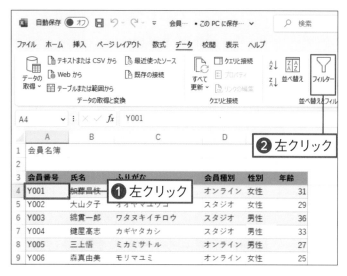

01 オートフィルターボタンを表示する

オートフィルターを使うには、表の中のいずれかのセル（ここではA4セル）を左クリックします❶。続いて、[データ]タブの ▽（[フィルター]ボタン）を左クリックします❷。

Memo

ここでは、「会員種別」が「オンライン」のデータを抽出することにします。

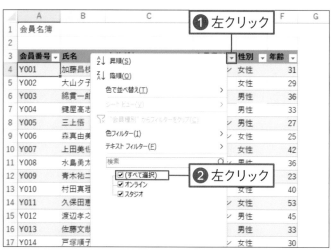

02 オートフィルターボタンをクリックする

3行目の項目名のセルの右端に ▼ ボタン（[オートフィルター]ボタン）が表示されました。条件を設定したい項目名（ここでは「会員種別」）の ▼ ボタンを左クリックします❶。続いて、一覧から「すべて選択」を左クリックします❷。すると、すべてのチェックがはずれます。

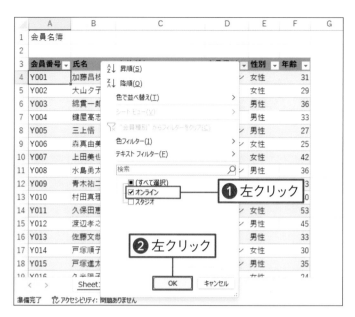

03 条件を設定する

条件に設定したい項目（ここでは「オンライン」）を左クリックしてチェックを付けます❶。最後に ＯＫ を左クリックします❷。

「会員種別」が「オンライン」のデータが抽出された

04 条件に合うデータが抽出できた

条件に合うデータだけが抽出されました。条件に合わないデータは、一時的に折りたたまれて非表示になります。

	A	B	C	D	E	F	G
15	Y012	渡辺孝之	ワタナベタカユキ	オンライン			
17	Y014	戸塚順子	トツカジュンコ	オンライン			
18	Y015	戸塚進太郎	トツカシンタロウ	オンライン			
21							
22							
23							
24							
25							
26							
27							

抽出した件数が表示される

< > Sheet1 ＋

準備完了 17 レコード中 8 個が見つかりました アクセシビリティ: 問題ありません

05 条件に合うデータ件数を確認する

画面左下には、条件に合うデータの件数が表示されます。

練習ファイル 09-06a　完成ファイル 09-06b

データの抽出を解除しよう

150ページで設定した条件を解除して、すべてのデータが表示された状態にします。
オートフィルター機能を使い終わったら、オートフィルターを解除しておきましょう。

オートフィルターを解除する

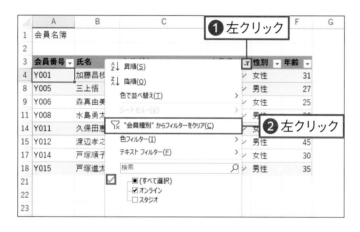

01 条件を解除する

抽出の条件を解除するには、条件を設定したセル（ここでは「会員種別」）の 🔽 ボタンを左クリックします❶。
続いて、一覧から [🔽 "会員種別" からフィルターをクリア(C)] を左クリックします❷。

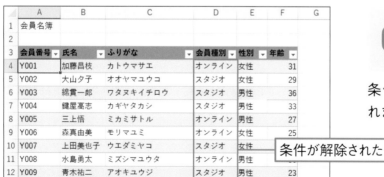

02 条件が解除された

条件が解除され、すべてのデータが表示されました。

オートフィルターを解除する

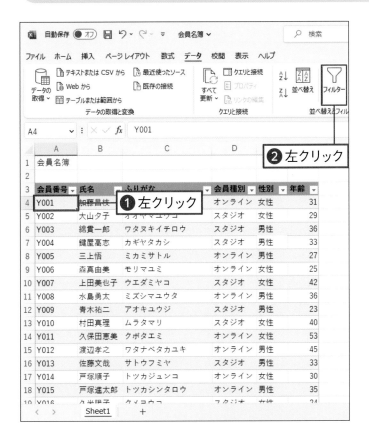

01 オートフィルターを解除する

オートフィルターを解除するには、表の中のいずれかのセル（ここではA4セル）を左クリックします❶。続いて、［データ］タブの▽（［フィルター］ボタン）を左クリックします❷。

オートフィルターが解除された

02 オートフィルターが解除された

3行目の項目名のセルの右端に表示されていた▼ボタンが非表示になり、オートフィルターが解除されました。

153

練習問題の解答・解説

第1章

1
① ▦([スタート]ボタン)を左クリックし、表示されるメニューの すべてのアプリ > を左クリックする。
② アプリの一覧から Excel を左クリックする。
③ エクセルが起動したら、[空白のブック]をクリックする。
④ [ファイル]タブを左クリックする。左側の[名前を付けて保存]を左クリックし、[参照]を左クリックする。
⑤ [名前を付けて保存]画面が表示されたら、左側の[ドキュメント]を左クリックする。
⑥ [ファイル名]の横の枠内を左クリックして「顧客名簿」と入力し、[保存]ボタンを左クリックする。
⑦ ウィンドウの右上の ×([閉じる]ボタン)を左クリックして、エクセルを終了する。

2
① ▦([スタート]ボタン)を左クリックし、表示されるメニューの すべてのアプリ > を左クリックする。
② アプリの一覧から Excel を左クリックする。

③ エクセルが起動したら、左側の[開く]を左クリックし、[参照]を左クリックする。
④ [ファイルを開く]画面が表示されたら、左側の[ドキュメント]を左クリックし、「顧客名簿」を左クリックする。最後に[開く]ボタンを左クリックすると、ファイルが開く。

第2章

1
① ▦([スタート]ボタン)を左クリックし、表示されるメニューの すべてのアプリ > を左クリックする。
② アプリの一覧から Excel を左クリックする。
③ エクセルが起動したら、[空白のブック]をクリックする。
④ A1セルを左クリックし、「ウォーキング表」と入力する。
⑤ 同様に他のセルにもデータを入力する。

2
① 6行目の行番号を左クリックし、[ホーム]タブの 挿入 ボタンを左クリックする。
② 6行目に新しい行が追加できたら、「6月3日」のデータを入力する。

第3章

1
① A1セルを左クリックし、[ホーム]タブの 11 ▾ ([フォントサイズ]ボタン)右側の ▾ を左クリックする。
② フォントサイズの一覧から「14」を左クリックする。
③ 游ゴシック ▾ ([フォント]ボタン)右側の ▾ を左クリックし、フォントの一覧から「HG丸ゴシックM－PRO」を左クリックする。
④ B ([太字]ボタン)を左クリックする。

2
① B4セルからB10セルをドラッグして選択する。
② [ホーム]タブの , ([桁区切りスタイル]ボタン)を左クリックする。

第4章

1
① A3セルからB10セルをドラッグし、[ホーム]タブの ⊞ ▾ ([罫線]ボタン)右側の ▾ を左クリックする。
② 罫線の一覧から、⊞ 格子(A) を左クリックする。
③ A3セルからB3セルをドラッグし、[ホーム]タブのの ⊞ ▾ ([罫線]ボタン)右側の ▾ を左クリックする。
④ 罫線の一覧から、▤ 下二重罫線(B) を左クリックする。

2
① A3セルからB3セルをドラッグし、[ホーム]タブの ⬥ ▾ ([塗りつぶしの色]ボタン)右側の ▾ を左クリックする。
② 色のパレットが表示されたら、「ゴールド、アクセント4」を左クリックする。
③ A4セルからA10セルをドラッグし、[ホーム]タブの ⬥ ▾ ([塗りつぶしの色]ボタン)右側の ▾ を左クリックする。
④ 色のパレットが表示されたら、「ゴールド、アクセント4、白＋基本色80％」を左クリックする。

第 5 章

1
① C5セルを左クリックし、半角で「＝」を入力する。
② B5セルを左クリックすると、「＝B5」と表示される。
③ 半角で「－」を入力する。
④ B4セルを左クリックすると、「＝B5－B4」と表示される。
⑤ Enter キーを押す。

2
① C5セルを左クリックし、右下の■にマウスポインターを移動する。
② マウスポインターの形が変わったら、そのままC10セルまでドラッグする。

第 6 章

1
① B11セルを左クリックし、[ホーム]タブの Σ（[合計]ボタン）を左クリックする。
② 「＝SUM（B4：B10）」と表示されたことを確認して、Enter キーを押す。

2
① B12セルを左クリックし、[ホーム]タブの Σ（[合計]ボタン）右側の ･ を左クリックする。

② メニューが表示されたら、[平均]を左クリックする。
③ 「＝AVERAGE（B4：B11）」と表示されたら、B4セルからB10セルをドラッグする。
④ 「＝AVERAGE（B4：B10）」に変更できたことを確認して、Enter キーを押す。

第 7 章

1
① A3セルからB10セルをドラッグする。
② [挿入]タブを左クリックし、[折れ線/面グラフの挿入]ボタンを左クリックする。続いて、[マーカー付き折れ線グラフ]を左クリックする。
③ グラフが表示されたら、グラフの余白部分にマウスポインターを移動し、そのままグラフの左上角がE3セルになるようにドラッグする。
④ グラフを左クリックし、右下の〇にマウスポインターを移動し、そのままK12セルまでドラッグして拡大する。

2
① グラフを左クリックし、[グラフのデザイン]タブの[色の変更]を左クリックする。
② 色の一覧が表示されたら、「モノクロパレット4」を左クリックする。

③ ［グラフのスタイル］の一覧から「スタイル4」を左クリックする。

第8章

1
① グラフ以外のセルを左クリックし、［ファイル］タブを左クリックする。
② 左側の［印刷］を左クリックすると、右側に印刷イメージが表示される。

2
① ［ファイル］タブを左クリックし、左側の［印刷］を左クリックする。
② 左側の［縦方向］を左クリックし、表示されるメニューから［横方向］を左クリックする。
③ 左側の［ページ設定］を左クリックする。
④ ［ページ設定］画面が表示されたら、［余白］タブを左クリックし、［水平］を左クリックしてチェックを付ける。最後に［OK］ボタンを左クリックする。

index

カバーデザイン	田邉 恵里香
本文デザイン	ライラック
DTP	五野上 恵美
編集	田村 佳則

技術評論社ホームページ　https://gihyo.jp/book

■ 問い合わせについて

本書の内容に関するご質問は、下記の宛先までFAXまたは書面にてお送りください。なお電話によるご質問、および本書に記載されている内容以外の事柄に関するご質問にはお答えできかねます。あらかじめご了承ください。

〒162-0846
新宿区市谷左内町 21-13
株式会社技術評論社　書籍編集部
「これからはじめる　エクセルの本
[Office 2021/2019/Microsoft 365 対応版]」質問係

[FAX]　03-3513-6167
[URL]　https://book.gihyo.jp/116

なお、ご質問の際に記載いただいた個人情報は、ご質問の返答以外の目的には使用いたしません。また、ご質問の返答後は速やかに破棄させていただきます。

これからはじめる　エクセルの本

［Office 2021/2019/Microsoft 365 対応版］

2023年8月9日　初 版　第1刷発行

著　者	井上 香緒里（いのうえ かおり）
発行者	片岡 巖
発行所	株式会社技術評論社
	東京都新宿区市谷左内町 21-13
	電話　03-3513-6150　販売促進部
	03-3513-6160　書籍編集部
印刷／製本	大日本印刷株式会社

ISBN978-4-297-13603-1 C3055
Printed in Japan